La mort
des dinosaures

L'hypothèse cosmique

Du même auteur

Les Volcans du système solaire
Armand Colin, coll. « Espace », 1993

La Vie sur Mars
Seuil, coll. « Science ouverte », 1999

Charles Frankel

La mort des dinosaures

L'hypothèse cosmique

Nouvelle édition

Masson

La première édition de cet ouvrage
a été publiée par les Éditions Masson
en 1996 sous le titre :
La Mort des dinosaures : l'hypothèse cosmique
Chronique d'une découverte scientifique

ISBN : 2-02-036173-6
(ISBN 2-225-85204-0, 1re publication)

© Masson, Paris, 1996 et avril 1999

Le Code de la propriété intellectuelle interdit les copies ou reproductions destinées à une utilisation collective. Toute représentation ou reproduction intégrale ou partielle faite par quelque procédé que ce soit, sans le consentement de l'auteur ou de ses ayants cause, est illicite et constitue une contrefaçon sanctionnée par les articles 335-2 et suivants du Code de la propriété intellectuelle.

Avant-propos

Les dinosaures – et des millions d'autres espèces animales et végétales – ont été brutalement exterminés par l'impact d'un astéroïde ou d'une comète, il y a 65 millions d'années. Reçue tout d'abord avec scepticisme (surtout en France), cette audacieuse hypothèse a été confirmée au fil des ans par la découverte de preuves chimiques, minéralogiques et paléontologiques. Elle a été scellée, à partir de 1991, par l'identification de l'imposante structure d'impact qui marque le « point zéro » de la catastrophe : le cratère du Chicxulub au Mexique, large de 180 kilomètres, qui témoigne d'une force de frappe de 100 millions de mégatonnes de TNT – l'équivalent de 10 000 fois l'arsenal nucléaire de l'humanité. Hormis sa taille record, le cratère du Chicxulub est promis à une double célébrité : on le tient responsable de la grande extinction du monde vivant à cette époque (la fin du Crétacé), extinction qui vit disparaître en un temps très bref – un « clin d'œil » à l'échelle géologique – 70 % de toutes les espèces terrestres et marines, y compris tous les dinosaures sans exception qui régnaient alors en maîtres sur la planète.

Le plus beau est que le cratère du Chicxulub fut découvert au terme d'un passionnant travail de détective, en partant des indices trouvés dans les sédiments datant de la grande catastrophe, et en remontant jusqu'à la source, jusqu'à cette « arme du crime » ensevelie dans le sous-sol du Yucatan.

C'est ce travail de limier des chercheurs que nous proposons de retracer à travers ces quelques pages, une histoire qui commence par une simple hypothèse et finit par une brillante découverte qui a changé à jamais notre façon de concevoir l'histoire de la vie et de l'évolution sur Terre.

Dans un premier chapitre nous plantons le décor de cette grande crise du monde vivant, qui vit entre autres l'extinction des dinosaures ; le second chapitre présente l'hypothèse de l'impact proposée en 1980 et confirmée tout au long de cette décennie par une avalanche de preuves.

Le chapitre 3 ouvre une parenthèse dans le récit en racontant avec quelles réserves la thèse de l'impact fut reçue dans le monde scientifique ; le scénario volcanique qui fut proposé en antithèse ; et quelques réflexions personnelles sur la sociologie de la controverse. Comme le raconte le chapitre 4, aucun cratère d'impact sur Terre à la fin des années quatre-vingt ne correspondait – ni par la taille ni par l'âge – au coupable recherché.

Ce n'est qu'en 1991-1992 que le cratère du Chicxulub fut découvert et daté : le chapitre 5 raconte le jeu de piste qui mena les chercheurs du Texas à Haïti et finalement au Mexique, où l'exploration du cratère par forage, imagerie satellite et modélisation géophysique bat aujourd'hui son plein. Dans le chapitre 6 nous passons en revue les graves désordres climatiques et biologiques engendrés par l'impact, le massacre des plantes et des animaux ayant été aussi brutal que varié.

Dans le chapitre 7 nous élargissons le débat pour dresser l'état des lieux des autres extinctions du monde vivant, et pour spéculer que la plupart furent dues elles aussi à des impacts cosmiques. Enfin le chapitre 8 est une projection dans l'avenir : à quand le prochain impact, et serons-nous en mesure de le prévenir ?

Ce livre n'aurait pu voir le jour sans les contributions et les précieux commentaires des chercheurs les plus impliqués dans la « crise K/T » et la découverte du cratère : je tiens à remercier en particulier le paléontologue canadien Dale A. Russell qui attira mon attention, il y a vingt ans déjà, sur la fin « cosmique » des dinosaures, et le chercheur canadien Alan R. Hildebrand, découvreur du cratère du Chicxulub, qui m'a guidé dans mes travaux et contribué à de nombreux documents de cet ouvrage. En France, je remercie tout particulièrement Robert Rocchia et Éric Robin du laboratoire CRF de Gif-sur-Yvette (CEA/CNRS) qui ont relu et enrichi les chapitres 2 et 3 et éclairé ma lanterne sur nombre de points : avec leur équipe de Gif, ils ont grandement contribué en France à l'élaboration et à la diffusion de l'hypothèse cosmique.

Au fil des pages je tente de citer les principaux auteurs des travaux exposés mais ces citations ne sont que très partielles, dictées par ma trame narrative : une bibliographie sommaire en fin d'ouvrage renvoie le lecteur à quelques-uns des articles scientifiques les plus importants, sélection bien subjective puisque je ne cite qu'une cinquantaine sur plus de 2 000 articles consacrés à la question !

Pour la mise en page finale de ce livre, je remercie tous les chercheurs qui ont contribué aux photographies et diagrammes, ainsi que Françoise Gazio et la société Solera Films qui m'ont permis de me rendre au Canada, aux États-Unis et au Mexique sur les lieux de l'intrigue et de recueillir des documents photographiques personnels.

Les Éditions Masson ont eu le mérite de publier la première édition de cet ouvrage dès 1996, alors que la thèse de l'impact était minimisée, voire passée sous silence par une certaine « élite » de la science française. Aujourd'hui que les Éditions du Seuil publient la présente édition – mise à jour – de *La Mort des dinosaures*, je constate avec satisfaction que les arguments et les preuves avancés dans la première édition n'ont pas pris une ride : le temps ne fait que confirmer l'hypothèse cosmique.

Au passage, je profite de cette nouvelle édition pour livrer au lecteur les dernières découvertes touchant à l'exploration du cratère, les résultats des fouilles paléontologiques et des modèles théoriques d'effondrement de la biosphère, et les preuves de plus en plus tangibles que d'autres bouleversements du monde vivant ont été causés eux aussi par des impacts. Nous vivons une véritable révolution dans l'histoire des sciences, et c'est pour moi un plaisir et un privilège de raconter les découvertes, les controverses et les anecdotes qui ont marqué cette grande aventure.

Paris, janvier 1999.

Chapitre 1
La grande extinction du Crétacé

Les sciences de la Terre sont aujourd'hui aux portes d'une véritable révolution conceptuelle, la deuxième en l'espace d'une génération. Les années soixante avaient vu s'affirmer la tectonique des plaques, théorie qui montre comment la croûte terrestre est mobile et soumise à un éternel renouvellement. La nouvelle révolution qui lui succède en cette fin de siècle met l'accent sur les événements catastrophiques de l'histoire de notre planète, et notamment les impacts de comètes et d'astéroïdes qui ont joué un rôle de premier plan dans le développement de la vie sur Terre.

La découverte du cratère d'impact du Chicxulub dans le golfe du Mexique vient en effet d'apporter une réponse convaincante à l'un des plus grands mystères de l'évolution, à savoir la tristement célèbre « extinction en masse » de la fin du Crétacé durant laquelle un très grand nombre de formes de vie sur Terre disparurent brutalement. Les dinosaures, qui en furent les plus célèbres victimes, ont assuré la renommée et la médiatisation de cet important bouleversement du monde vivant.

La découverte du cratère d'impact du Chicxulub a aussi fourni une belle illustration de la méthode scientifique au travail : le cratère a été découvert par déduction, comme on mène une enquête policière, en partant d'indices dispersés dans les strates rocheuses datant de la catastrophe et en remontant la filière jusqu'au responsable. Nous proposons de retracer dans ces quelques pages ce cheminement scientifique qui a mené les chercheurs des collines de l'Italie aux cuestas du grand Ouest américain et jusqu'au golfe du Mexique – un parcours marqué par de brillantes intuitions, un remarquable travail de terrain, et nombre de fausses pistes et de controverses.

Un rappel historique

Avant de suivre ce fil d'Ariane qui mène de la mort des dinosaures au cratère du Chicxulub, il convient de cadrer la grande énigme de l'extinction de la fin du Crétacé dans son cadre historique.

Le mystère de la disparition des dinosaures et de millions d'autres espèces à la fin du Crétacé a surgi dès que les premiers paléontologues se sont penchés sur l'histoire de la vie sur Terre.

L'histoire de la planète se lit dans les roches, et notamment dans les strates sédimentaires constituées d'argiles, de calcaires et autres grès qui préservent les traces de vie disparue sous forme de fossiles : graines et pollens, coquilles et tests de plancton, ossements, voire squelettes entiers. Lors des premiers recensements, une question majeure s'était posée aux chasseurs de fossiles : dans certains cas précis, on constatait d'une couche sédimentaire à la suivante la disparition brutale de nombreuses espèces, remplacées par de nouvelles variétés distinctes des précédentes.

Que se passait-il dans l'histoire de la Terre pour qu'une flore ou qu'une faune soit graduellement ou subitement remplacée par une autre ? L'un des fondateurs de la paléontologie française, Georges Cuvier (1769-1832), y voyait la marque de *catastrophes* planétaires[1]. Après chacune de ces « révolutions », la Terre était repeuplée par de nouvelles espèces issues des régions épargnées.

---

1. Cuvier et ses disciples étaient d'autant plus persuadés de la nature catastrophique de ces changements qu'apparaissaient de nettes démarcations lithologiques entre les strates en question, souvent sous la forme d'un lit de conglomérats, c'est-à-dire des débris de roche soudés pêle-mêle, comme si une catastrophe avait effectivement eu lieu.

Mais une autre école de pensée rejetait ces thèses catastrophistes : l'Anglais Charles Lyell – grand pionnier de la géologie – restait persuadé du caractère progressif du renouvellement des faunes d'une strate à la suivante et se faisait l'apôtre du *gradualisme*. Pour lui et son école, aucune catastrophe ne se justifiait : la Terre était un monde en lente évolution, façonné par le travail de fourmi de l'érosion, de la sédimentation et de la lente surrection des montagnes. Le renouvellement des espèces vivantes pouvait s'expliquer par la compétition et la sélection naturelle, théorie que Charles Darwin venait de brillamment conceptualiser.

Entre ces deux thèses radicalement opposées, la balance pencha en faveur du gradualisme de Charles Lyell, érigé au rang de dogme, bien qu'il restât à expliquer quelques changements de faunes tellement brusques que l'histoire de la Terre s'en trouvait découpée en ères bien distinctes (voir figure 1.1).

Des massacres planétaires

Il faut d'abord constater que prise individuellement, chaque espèce animale ou végétale connaît une durée de vie moyenne de cinq à dix millions d'années, avant de s'éteindre ou de donner naissance par mutation à de nouvelles espèces[2]. La vie sur Terre étant riche de millions d'espèces différentes, cela revient à dire qu'une à plusieurs espèces disparaissent chaque année. De même, un nombre pratiquement égal de nouvelles espèces surgit régulièrement : bon an, mal an, la biosphère y trouve son équilibre et le nombre d'espèces reste à peu près constant, voire augmente légèrement.

Si l'évolution procédait de façon continue et équilibrée, aucune transition remarquable ne devrait donc apparaître

---

2. Rappelons qu'une espèce vivante est un ensemble (animal ou végétal) d'individus possédant les mêmes caractéristiques et au sein duquel la reproduction est possible. Ainsi l'homme (*homo sapiens*) est une espèce, de même que le brochet, la perdrix ou le châtaignier.

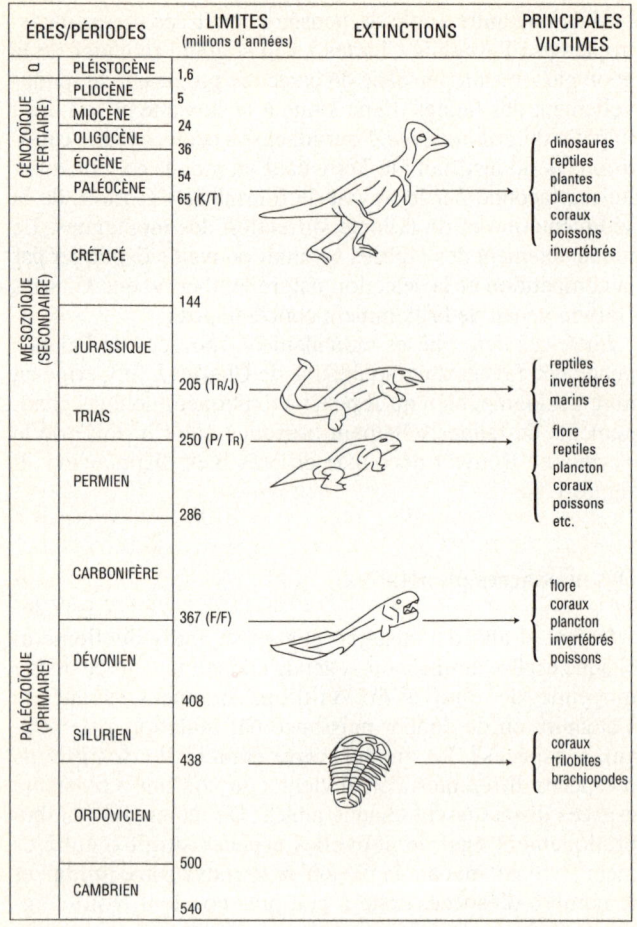

Figure 1.1. – L'évolution de la vie sur Terre au cours des derniers 600 millions d'années. À gauche le découpage en périodes géologiques avec l'âge des principales transitions : les cinq grandes extinctions du monde vivant sont représentées en trait plein (avec à droite la liste des principales victimes).

parmi les fossiles : au cours des âges géologiques le renouvellement progressif devrait se traduire par une fréquence stable de disparitions et d'apparitions d'espèces au fil des couches géologiques, un « bruit de fond » graduel et sans à-coups. Or l'analyse de la succession des fossiles montre qu'au moins cinq grands événements ont eu lieu dans l'histoire de la vie sur Terre, quand le processus s'est emballé au point de renouveler plus de la moitié des espèces de l'époque – c'est-à-dire des millions d'entre elles – en un laps de temps très court, de l'ordre de quelques dizaines de milliers d'années ou même beaucoup moins, à la limite de la résolution temporelle que nous offrent les sédiments.

Ces cinq renouvellements majeurs du registre fossile sont appelés des « extinctions en masse ». Les paléontologues ont découvert la première à la fin d'une époque appelée Ordovicien, il y a environ 440 millions d'années, lorsque la vie était encore cantonnée dans les mers : nombre d'espèces de trilobites, planctons et coraux ont périclité en un bref intervalle de temps, probablement moins de 500 000 ans.

Tout aussi spectaculaire est la grande extinction de la fin du Dévonien, entre 370 et 360 millions d'années, quand les espèces sont à nouveau décimées, apparemment en plusieurs vagues successives. Le plancton et les écosystèmes coralliens sont le plus durement touchés, de même que trilobites, brachiopodes et poissons primitifs.

Suivit une longue période de rétablissement de la biosphère marine et terrestre (diversification des amphibiens et des premiers reptiles), qui ne connut pas de bouleversements majeurs jusqu'au coup d'arrêt d'une nouvelle extinction en masse il y a 250 millions d'années. Cette grande extinction de la fin du Permien vit la disparition de plus de 90 % de toutes les espèces marines et terrestres, y compris de la grande majorité des amphibiens et des reptiles, la durée du bouleversement étant sujette à controverse. Si certains auteurs avancent un déclin progressif de la biosphère durant un ou deux millions d'années, d'autres estiment que la plupart des espèces du Permien disparurent en l'espace de quelques dizaines de milliers d'années seulement.

En gravissant les strates de sédiments et l'échelle des temps, les paléontologues trouvent une quatrième extinction notable il y a environ 200 millions d'années, marquant la fin de la période du Trias : le bouleversement a affecté surtout le milieu marin ; sur la terre ferme on compte également de nombreuses victimes chez les reptiles, dinosaures et mammifères.

Mais c'est la cinquième extinction en masse du registre géologique qui a fait le plus parler d'elle. Marquant la fin du Crétacé, il y a 65 millions d'années, elle s'est traduite par la disparition brutale de 70 % au moins de toutes les espèces marines et terrestres : le plancton a été anéanti dans de grandes proportions, ainsi que les importants récifs de coraux et de bivalves, les élégantes bélemnites et ammonites, les poissons et les grands lézards marins qu'étaient les mosasaures, et – sur la terre ferme – nombre de reptiles et de mammifères, sans compter les dinosaures et les reptiles volants dont aucune espèce ne survécut.

Parce qu'elle fut spectaculaire, apparemment brève, et aussi la plus proche de nous, cette crise de la fin du Crétacé est devenue la figure emblématique des grandes extinctions. La disparition des dinosaures l'a rendue particulièrement célèbre aux yeux du public, et d'un point de vue philosophique la question de notre propre origine en découle : nos ancêtres mammifères ont en effet surgi sur le devant de la scène peu après le drame, profitant des niches écologiques laissées vacantes par l'extinction. La crise de la fin du Crétacé a donc posé une énigme passionnante aux géologues et ceux-ci n'ont pas manqué d'hypothèses pour tenter de l'élucider.

La fin du Crétacé

Pour mieux cerner l'énigme, il nous faut d'abord planter le décor. La Terre à la fin du Secondaire, en cette période appelée Crétacé, était différente autant par ses animaux et ses plantes que par sa géographie même, mers et continents connaissant un arrangement différent du fait de la tecto-

La fin du Crétacé

nique des plaques. En effet, comme les plaques qui portent les continents se déplacent au rythme de plusieurs centimètres par an, les distances entre continents il y a 65 millions d'années différaient des valeurs actuelles de plusieurs milliers de kilomètres (voir figure 1.2).

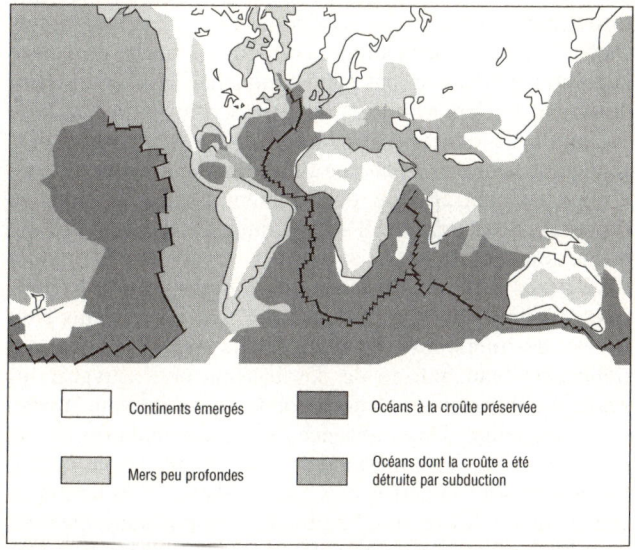

Figure 1.2. – Le Monde à la fin du Crétacé, il y a 65 millions d'années. En blanc la croûte continentale émergée ; en gris clair les mers épicontinentales peu profondes ; en gris les fonds océaniques de l'époque qui ont été recyclés depuis ; et en gris foncé les fonds océaniques qui ont survécu jusqu'à nos jours. Les rifts océaniques sont représentés en traits « en escalier » : l'Atlantique a commencé depuis peu son expansion. L'Afrique est sur le point de dériver vers le nord pour broyer la proto-Méditerranée (appelée Téthys) et fermer le grand passage marin est-ouest. L'Inde dérive vers l'Asie qu'elle percutera 20 millions d'années plus tard. (Modifié d'après Walter Alvarez et Frank Asaro.)

Le visage de la Terre n'en restait pas moins reconnaissable, avec un océan Pacifique élargi, et des continents rassemblés autour d'un océan Atlantique plus étroit. L'Europe n'était séparée de l'Amérique que d'un millier de kilomètres, encore moins tout au nord où les continents restaient encore soudés à la hauteur du Groenland et de la Scandinavie.

La Méditerranée de l'époque – appelée Téthys – était pour sa part un étroit goulet qui menait de l'Atlantique directement au Pacifique, l'Afrique et l'Arabie n'allant fermer le passage que quelques millions d'années plus tard. À l'Est, l'Inde n'était pas encore rattachée à l'Asie : le petit continent se déplaçait vers la fosse sud-asiatique où il ne viendrait s'encastrer que quelques millions d'années plus tard pour soulever la chaîne de l'Himalaya. Tout au sud, c'était au contraire un déchirement continental qui se déroulait, l'Australie et l'Antarctique se scindant le long d'une zone de rift.

Le profil différent des fonds sous-marins il y a 65 millions d'années se traduisait d'autre part par un plus haut niveau des mers, les nombreux reliefs sous-marins faisant déborder l'eau marine de ses bassins pour envahir les marges continentales. Une seconde cause du haut niveau des mers tenait dans l'absence de calottes polaires : alors qu'aujourd'hui des milliers de mètres de glace sont emprisonnés dans les inlandsis du Groenland et de l'Antarctique, prélevant sur les océans l'équivalent de plusieurs dizaines de mètres d'eau, les continents au Crétacé étaient trop loin des pôles pour amasser de la glace et jouer ce rôle de pompe.

Pour ces deux raisons le niveau de la mer à la fin du Crétacé dépassait le niveau actuel d'une bonne centaine de mètres. C'était assez pour que des bras de mer pénètrent au cœur des continents, en particulier en Amérique du Nord où une vaste mer intérieure remontait du golfe du Mexique à travers les grandes plaines jusqu'au Canada. De même en Europe, la mer ennoyait plaines et bassins pour ne laisser émerger que plateaux et massifs sous forme d'îles.

À la fin du Crétacé, l'Europe était donc un archipel baigné par des eaux peu profondes, la plus grande île étant le bloc constitué par la péninsule ibérique, la France, et l'Europe du nord-ouest jusqu'à la Pologne. Au sud-est de cette grande île s'étendait un profond sillon marin à l'emplacement des futures Alpes, où se déposaient les sédiments qui seraient plus tard plissés en montagnes.

La France de l'époque occupait donc une position privilégiée, baignée de tous côtés par des mers peu profondes, golfes et lagons s'enfonçant loin à l'intérieur des terres. Ces eaux étaient chaudes, quasi tropicales, car le continent eurasien tout entier était positionné dix degrés plus au sud qu'il ne l'est aujourd'hui – un décalage méridional d'un bon millier de kilomètres.

À la fin du Crétacé allait toutefois commencer la baisse du niveau des mers : ce recul fut vraisemblablement dû à une augmentation de volume de certains bassins océaniques au gré de la tectonique des plaques. L'eau battant retraite vers ces bassins plus accentués, les côtes se découvrirent et les continents augmentèrent de surface, le climat ayant alors tendance à se durcir comme nous l'indiquent la distribution géographique des fossiles, ainsi que les températures déduites par géochimie.

La fin du Crétacé n'allait pas moins profiter d'une activité biologique considérable, marquée par un nombre record d'espèces différentes. Les sédiments d'eau profonde – craies et autres calcaires – ont conservé le témoignage de cette riche vie régnant dans les mers. Quant au argiles, grès et autres dépôts d'environnements lacustres, ils ont gardé l'empreinte du monde vivant en eau douce et sur les berges. C'est d'ailleurs dans de telles argiles lacustres, précisément dans les argiles rouges de Provence, que devait fleurir l'une des premières hypothèses audacieuses sur l'écroulement brutal de l'écosystème à la fin du Crétacé.

Une fausse piste

En effet, c'est au pied de la montagne Sainte-Victoire, lieu chéri du peintre Cézanne, que l'on trouve d'intéressantes strates fossilifères datant de la fin du Crétacé. On imagine qu'à l'époque, en bordure de marais peu profonds, s'élançaient des bosquets de cycas, lotus et autres palmiers, abritant sous leur couvert fougères et lycopodes.

Nombre de ces marécages évoluèrent en tourbières, enfouissant feuilles, graines et pollens de l'époque, alors qu'ailleurs se fossilisaient d'occasionnels ossements d'animaux, et notamment de dinosaures. Ces dinosaures de Provence étaient surtout des *Rhabdodons* de deux à trois mètres de long au bec corné et au régime herbivore (voir figure 1.3), broutant fougères et buissons, ainsi que des titanosaures au long cou, abroutant la cime des palmiers et des conifères. Ajoutons à ce paysage de la fin du Crétacé des ankylosaures cuirassés de plaques osseuses (voir figure 1.4), et quelques rôdeurs carnivores : une espèce de tyrannosaure (baptisée *Tarascosaurus*, puisque nous som-

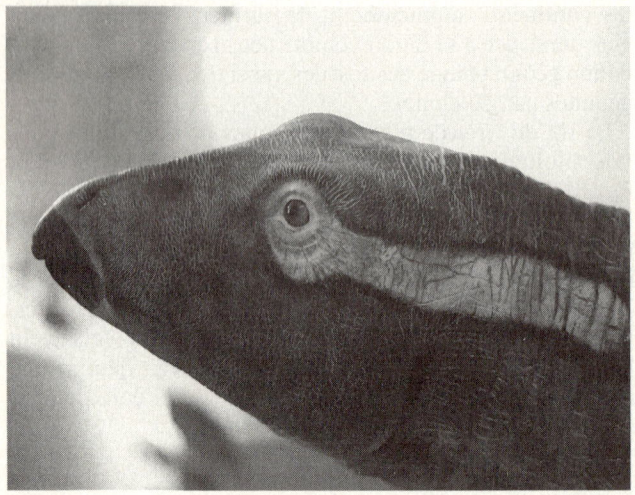

Figure 1.3. – Dinosaure de Provence : le *Rhabdodon*, herbivore au bec orné de dents cannelées, habitait l'archipel européen à la fin du Crétacé. Le *Rhabdodon* est un exemple de la grande variété d'espèces de dinosaures qui peuplaient la Terre avant la crise brutale qui les extermina, il y a 65 millions d'années. (Photo de l'auteur, maquette du Muséum d'histoire naturelle d'Aix-en-Provence.)

Une fausse piste

Figure 1.4. – L'ankylosaure habitait également l'Europe à la fin du Crétacé. Ce paisible dinosaure végétarien, long de trois à quatre mètres, était recouvert d'une armature de plaques osseuses pour résister aux assauts des dinosaures carnivores. (Photo de l'auteur, maquette du Muséum d'histoire naturelle d'Aix-en-Provence.)

mes au pays de Tarascon); et un prédateur plus petit, qui a laissé nombre de dents et de débris osseux dans l'argile varoise, et que ses découvreurs Patrick et Annie Méchin, Éric Buffetaut et Jean Le Loeuff ont baptisé *Variraptor*.

Le règne animal à la fin du Crétacé, en Provence comme ailleurs, ne se limitait pas bien sûr aux seuls dinosaures. De nombreuses familles de reptiles peuplaient les lieux, y compris des reptiles volants et les premiers crocodiles. Petits amphibiens et mammifères se disputaient les restes de nourriture dans les fourrés, et le ciel bourdonnait d'insectes.

Dans le bassin d'Aix-en-Provence, les couches fossilifères de la fin du Crétacé se terminent par des gisements d'œufs de dinosaures – coquilles de dix à vingt centimètres de diamètre, souvent disposés en nids. Ces œufs fossilisés dans l'argile des marais appartenaient sans doute aux grands titanosaures qui venaient pondre en bordure des marais : crues et dépôts de boue les avaient ensevelis.

Au cours des années soixante, ces couches d'œufs fossiles allaient inspirer un scénario original pour expliquer la fin des dinosaures. Nombre de coquilles anormales, épaisses de plusieurs couches, étaient en effet signalées dans les gisements. Par analogie avec les oiseaux actuels, de telles couches multiples se forment lorsque les femelles font remonter leurs œufs dans l'utérus plutôt que de les pondre, notamment en période de stress, qu'il soit climatique ou autre. Comme les œufs malformés semblaient de plus en plus nombreux à mesure que l'on gravissait les strates terminales du Crétacé, certains paléontologues y virent une dégradation de l'environnement au fil des millénaires, affectant le processus de reproduction jusqu'à faire disparaître l'espèce.

Ce scénario relevait d'un processus progressif, en accord avec la philosophie gradualiste qui régnait alors sans partage dans les sciences de la Terre. Mais ce scénario, comme beaucoup d'autres, ne survécut pas à l'épreuve du temps : de nouvelles fouilles dans les années soixante-dix infirmèrent les résultats précédents en montrant que la proportion d'œufs malformés restait stable à la fin du Crétacé, ne reflétant qu'un taux de malformation propre à l'espèce plutôt qu'une cause de déclin.

Au contraire, plus les paléontologues se penchaient sur les sédiments de la fin du Crétacé, plus ils se rendaient compte que loin de décliner, nombre d'espèces prospéraient jusqu'à un horizon précis où l'histoire de la vie basculait abruptement, niveau qui était matérialisé par une mince couche d'argile. C'est cette argile qui allait retenir l'attention des chercheurs et relancer l'enquête à l'aube des années quatre-vingt.

L'argile de Gubbio

Quittons donc la montagne Sainte-Victoire pour traverser les Alpes et nous rendre sur le prochain site où se déplace l'intrigue. C'est en effet au cœur des Apennins, près de la ville de Gubbio dans la province d'Ombrie, que les couches calcaires du Crétacé allaient livrer un indice déterminant.

Le site de Gubbio était au Crétacé noyé sous cent mètres d'eau, les rivières côtières apportant leur part de sédiments, et les planctons et autres organismes marins lâchant à leur mort tests et coquilles sur la plate-forme sédimentaire. Ainsi se formèrent de fins bancs de boue qui enregistrèrent la faune et la flore de l'époque avec une grande précision : lorsque les sédiments se déposent en abondance comme ce fut le cas à Gubbio, la qualité du registre fossilifère est en effet exceptionnelle – tout comme une bande magnétique qui se déroule à haute vitesse enregistre une plus riche information. Les strates de Gubbio recueillirent ainsi en « haute fidélité » le renouvellement des faunes à la fin du Crétacé, offrant aux chercheurs une vision détaillée du « drame » terminal qui frappa cette riche biosphère.

Ces calcaires de la fin du Crétacé s'empilent sur plusieurs mètres d'épaisseur au sortir de Gubbio, dans les talus en bord de route ainsi que dans un ravin proche de la ville (voir figure 1.5). Ce sont des calcaires blancs à tendance rosacée, teinte de plus en plus foncée à mesure que l'on se rapproche du passage Crétacé/Tertiaire. Au vu des fossiles, la frontière entre ces deux ères est identifiable sous la forme d'une mince lamelle d'argile de quelques millimètres d'épaisseur. Alors qu'en dessous de l'argile un géologue expérimenté peut voir les abondants fossiles du Crétacé à l'œil nu – tests de planctons et autres métazoaires –, les calcaires immédiatement au-dessus de la limite ne contiennent plus qu'une faune de microfossiles rabougris, identifiables uniquement au microscope de laboratoire.

Figure 1.5. – C'est dans un ravin près de la cité médiévale de Gubbio, dans les collines d'Ombrie en Italie, que fut identifiée et étudiée dans le détail une mince couche d'argile marquant la transition entre les périodes du Crétacé et du Tertiaire. Le chercheur Alessandro Montanari montre du doigt l'emplacement de cette couche d'argile d'un centimètre d'épaisseur qui deviendra mondialement célèbre sous le nom de couche K/T : sa chimie et sa minéralogie particulières indiqueront en effet l'identité de « l'assassin » des dinosaures. (Photo Walter Alvarez.)

Cette argile frontière fut baptisée couche K/T, pour symboliser qu'il s'agit de la transition entre le Crétacé (symbole K) de la fin du Secondaire et les premiers sédiments du Tertiaire (symbole T). Ce mince dépôt argileux avait cela d'étonnant qu'il apparaissait sur de nombreux autres sites de par le monde, comme s'il représentait un événement géologique d'ampleur planétaire. À Gubbio il mesurait près d'un centimètre d'épaisseur, les derniers millimètres étant sensiblement plus rouges et ferreux que les premiers. Or pour les chercheurs ce dépôt constituait une aubaine : puisqu'il semblait coïncider avec le bouleversement de l'écosystème à la fin du Crétacé, pouvait-il indiquer la durée de la crise, voire même sa nature ?

Le tour des hypothèses

Il faut remarquer que dès sa découverte cette argile « couperet » à la limite K/T ne fut pas appréciée de façon unanime par tous les paléontologues. Nombreux étaient ceux qui mettaient toujours en doute la brutalité et la synchronicité des extinctions, faisant remarquer par exemple que les restes de dinosaures dans le Sud-Ouest américain et au Canada avaient déjà disparu des sédiments deux bons mètres sous la couche K/T, ce qui leur permettait d'affirmer que les grands sauriens « s'étaient éteints » des centaines de milliers d'années avant celle-ci.

Les spécialistes convaincus d'une extinction brutale rétorquaient que ce hiatus de deux mètres ne représentait qu'un problème d'échantillonnage. En effet les gros ossements d'animaux supérieurs sont rares et l'on n'en recense, en combinant tous les sites de la Terre, qu'un spécimen tous les deux ou trois mètres en moyenne. Un dernier fossile de dinosaure à deux mètres de la couche K/T ne prouvait donc nullement que les grands sauriens avaient périclité deux mètres (c'est-à-dire des centaines de milliers d'années) avant la limite. D'ailleurs, prévoyaient ces spécialistes, l'écart se réduirait certainement à mesure que les fouilles se multiplieraient autour de la couche K/T[3].

De nouveaux éléments étaient d'autant plus attendus pour trancher la question que les hypothèses pour expliquer la grande extinction s'étaient multipliées depuis les premières spéculations sur les œufs de dinosaures d'Aix-en-Provence. Pour ceux qui croyaient encore à un « dégradé » d'extinctions étalées dans le temps, des événements climatiques progressifs étaient à incriminer, liés au lent retrait de la mer

---

3. C'est bien ce qui est observé aujourd'hui, avec la découverte de traces de dinosaures de plus en plus proches de la limite. En 1995, l'écart est tombé à moins d'un mètre : dans les grès du Colorado les empreintes de pas d'un hadrosaure ont été découverts 37 cm sous la couche K/T par le géologue Chuck Pillmore.

Figure 1.6. – Le paléontologue canadien Dale Russell, spécialiste des dinosaures nord-américains. À la fin des années soixante-dix, Russell s'opposa à la majorité des paléontologues en affirmant que les dinosaures n'avaient pas connu de déclin progressif à la fin du Crétacé mais avaient été exterminés par un cataclysme abrupt. Russell penchait pour une cause extraterrestre et réalisa que la couche K/T devait en porter les traces. (Photo Canadian Museum of Nature.)

des marges continentales ou à l'arrivée aux basses latitudes d'eaux arctiques dispersées par de nouveaux courants : cette nouvelle donne aurait suffisamment altéré l'environnement pour stresser la biosphère et réduire à la longue le nombre et la variété des espèces.

La deuxième école, qui reconnaissait au contraire le caractère brutal du renouvellement faunique, ne manquait pas non plus d'hypothèses pour expliquer la catastrophe. La science du paléomagnétisme, en plein essor, avait mis l'accent sur le renversement épisodique des pôles magnétiques de la Terre, épisodes durant lesquels le champ magnétique tombait à zéro pendant plusieurs siècles avant de changer de polarité. Le champ magnétique constituant un bouclier protecteur contre les dangereux rayons cosmiques, la vie se trouverait ainsi exposée durant ces phases de « champ

Le tour des hypothèses

zéro » à une irradiation décuplée, cause de mutations et d'extinctions fatales. Peut-être avait-ce été le cas à la fin du Crétacé.

Plus cosmique était l'hypothèse d'une activité accrue du Soleil, dont on commençait à comprendre les cycles et les perturbations. Était-ce l'astre du jour, au cours d'une crise thermonucléaire aiguë, qui avait irradié la vie terrestre d'un flot mortel de rayonnements et de particules ? La thèse la plus audacieuse proposait même l'explosion d'une étoile supernova, source d'une irradiation plus intense encore qu'une simple crise solaire. La probabilité qu'une telle explosion stellaire se déclare à distance fatale de la Terre (quelques dizaines d'années-lumière) est loin d'être nulle et elle a le mérite d'être vérifiable : l'irradiation par une supernova laisserait en effet sa marque dans les sédiments de l'époque, sous la forme d'éléments radioactifs en provenance de l'étoile.

À la fin des années soixante-dix, les chercheurs disposaient donc de plusieurs hypothèses pour expliquer la crise du Crétacé et de quelques premières stratégies d'analyse pour les départager. À cet égard la fine couche d'argile de la limite K/T se trouvait élevée au rang d'oracle : pour qui saurait la comprendre et en lire l'histoire, l'une ou l'autre des nombreuses hypothèses pouvait recevoir sa consécration.

Chapitre 2
L'hypothèse de l'impact

C'est en 1979 qu'un étrange indice chimique découvert dans la couche K/T allait faire basculer l'enquête. Le géologue Walter Alvarez de l'université de Berkeley et son père Luis Alvarez – prix Nobel de physique en 1968 – eurent l'idée de se pencher sur les concentrations de métaux rares dans la couche K/T, afin de passer au crible quelques hypothèses et tenter notamment de mesurer l'intervalle de temps représenté par le dépôt d'argile. Alvarez père et fils choisirent le site K/T de Gubbio pour leurs prélèvements et s'adressèrent à Frank Asaro et Helen Michel du *Lawrence Berkeley Laboratory* pour effectuer les délicates analyses physico-chimiques de l'argile : pour l'équipe il s'agissait en effet de mesurer la concentration d'une trentaine d'éléments atomiques avec des techniques sophistiquées faisant appel à la physique nucléaire.

Un élément intéressait plus particulièrement les chercheurs : il s'agissait de l'iridium, métal de la famille du platine qui est excessivement rare dans la croûte terrestre – moins d'un milligramme par tonne de roche – mais qui est beaucoup plus concentré dans les météorites. Si on trouve d'infimes traces d'iridium dans les sédiments, c'est donc surtout en raison de la fine mais constante pluie de micrométéorites qui tombe en permanence à la surface du globe. Malgré leur petite taille – pour la plupart elles ne sont guère plus grosses qu'une tête d'épingle – ces micrométéorites représentent une dizaine de milliers de tonnes de matière cosmique tombant chaque année sur Terre, dont une proportion mesurable d'iridium.

Pour les chercheurs qui tentaient d'évaluer le temps mis par la couche K/T pour se former, cette pluie cosmique constituait une aubaine : puisqu'elle était présumée constante (quelques microgrammes par mètre carré et par an), une mesure de la concentration d'iridium dans la couche K/T indiquerait en combien d'années celle-ci s'était formée.

C'est avec cette idée en tête que l'équipe des Alvarez mesura la concentration en iridium de l'argile de Gubbio. Ainsi, pensaient les chercheurs, il serait possible de circonscrire la durée du chamboulement biologique à la frontière Crétacé/Tertiaire.

Le résultat fut surprenant. Alors que les calcaires encaissants livraient un taux d'iridium inférieur à 0,1 ppb[1] (moins d'un dix millionième de pour-cent), la mince couche d'argile accusait des concentrations près de cent fois supérieures : de 6 à 9 ppb.

C'était énorme : si l'on voyait dans cette teneur en iridium le résultat d'une lente et régulière accumulation de micrométéorites, cela voulait dire que l'argile de la couche K/T avait recueilli l'équivalent de *dix millions d'années* de chute de micrométéorites ! Or d'après ce que l'on savait du rythme de sédimentation à Gubbio, on s'attendait à ce qu'un centimètre d'argile se dépose en quelques millénaires seulement, soit mille fois moins.

La différence était trop grande entre les attentes et les mesures : il y avait une faille dans le raisonnement. Non seulement la concentration exceptionnelle en iridium ôtait tout espoir de mesurer le temps de formation de l'argile – car le principe du « chronomètre à micrométéorites » était visiblement pris en défaut –, mais l'argile et son iridium semblaient représenter un événement hors du commun. Restait à trouver lequel.

---

1. La fraction ppb signifie une part par milliard, c'est-à-dire un dix-millionième de pour-cent. En unités de masse, elle équivaut à un nanogramme par gramme.

Figure 2.1. – Robert Rocchia sur le site de Caravaca en Espagne. Le chercheur tient dans ses mains un échantillon qui contient la limite Crétacé/Tertiaire : la précieuse argile K/T, de quatre millimètres d'épaisseur, apparaît en haut de l'échantillon, soulignée par une légère ondulation au niveau du pouce droit du chercheur (flèche). Cette fine argile contient la majorité de l'iridium et la totalité des spinelles de l'événement K/T. (Photo Éric Robin, CEA/CNRS.)

L'hypothèse de l'impact

Les analyses chimiques et isotopiques de l'argile de Gubbio avaient en tout cas écarté une hypothèse : celle de la supernova. En effet si la Terre avait été bombardée à la fin du Crétacé par de lourdes particules cosmiques en provenance d'une étoile explosée, on se serait attendu à retrouver ces particules dans les sédiments, en particulier du plutonium 244 qui est un isotope autrement introuvable sur Terre. Or point de plutonium 244 dans la couche K/T.

L'iridium avait également servi à tester l'hypothèse de la supernova : c'était l'autre raison qui avait poussé les Alvarez à s'intéresser à ce précieux élément. En effet, si l'iridium avait été semé sur Terre par l'explosion d'une supernova, il aurait eu une composition isotopique particulière, caractéristique de l'étoile en question, et donc différente du rapport de 37,3 % d'iridium 191 pour 62,7 % d'iridium 193 qui est le taux observé dans le système solaire. Sur ce sujet l'iridium de la couche K/T apportait une réponse claire : son rapport isotopique était celui du système solaire et non d'une supernova étrangère.

Les chercheurs de Berkeley se retrouvaient face à une énigme : d'où venait cette extraordinaire concentration d'iridium dans la couche K/T ? Si l'argile de Gubbio représentait un dépôt d'ampleur planétaire – et c'était l'hypothèse envisagée car l'analyse d'autres couches K/T révélait des concentrations similaires d'iridium – alors c'était près de 500 000 tonnes d'iridium qui auraient été déposées tout autour du globe pendant l'événement K/T. Quand on sait que les hommes extraient péniblement une tonne d'iridium par an des rares mines de platine où on le trouve concentré, ce chiffre laisse rêveur. D'où venait tout cet iridium ?

La Terre elle-même, malgré les émanations d'iridium rares et limitées que permettaient certains processus magmatiques, n'offrait aucun mécanisme *a priori* capable de distribuer autant d'iridium à l'échelle planétaire. Les Alvarez éliminèrent d'entrée les éruptions volcaniques, car les proportions d'éléments atomiques dans la couche K/T ne ressemblaient pas à celles d'un dépôt éruptif. D'autre part, les chercheurs avaient du mal à concevoir une distribution de milliards de tonnes de poussière volcanique sur toute la Terre en un temps très court, qui ne correspondait à aucun mécanisme éruptif connu d'eux.

Ayant écarté l'hypothèse d'une source terrestre ainsi que celle de la supernova, l'équipe de Berkeley se retrouvait face à une hypothèse qui leur était venue à l'esprit naturellement mais dont ils avaient bien du mal à se convaincre, tellement les conséquences en étaient importantes : si l'iridium était bien d'origine météoritique, comme ils l'avaient supposé en premier lieu, alors sa quantité extraordinaire ne pouvait provenir que de la collision d'un astéroïde ou d'une comète avec la Terre.

Allant jusqu'au bout de leur pensée, ils entreprirent même d'estimer la taille du bolide : connaissant la quantité d'iridium dispersée sur Terre dans la couche K/T et le taux moyen d'iridium dans un corps météoritique, l'équipe de Berkeley fixa la masse du projectile à plusieurs centaines de milliards de tonnes, ce qui correspondait à un astéroïde ou à une comète d'une dizaine de kilomètres de diamètre.

Cette hypothèse cosmique déclencha un électrochoc dans la communauté scientifique, d'autant plus qu'elle fut publiée dans l'une des revues les plus lues des chercheurs : le journal américain *Science*. La bombe des Alvarez fit d'autant plus de bruit qu'elle fut aussitôt confirmée par trois études indépendantes. En effet, le paléontologue hollandais Jan Smit enregistrait un taux d'iridium tout aussi extraordinaire sur le site K/T de Caravaca en Espagne. L'Américain Frank Kyte relevait la même anomalie d'iridium au milieu du Pacifique dans un carottage recoupant la couche K/T. Quant à Richard Ganapathy, du Baker Chemical Laboratory dans le New Jersey, il répétait l'analyse des Alvarez sur le site de Stevns Klint au Danemark, où les concentrations d'iridium dépassaient 50 ppb.

Ganapathy allait même plus loin : de manière à confirmer l'origine météoritique de l'iridium, il avait analysé tous les autres métaux nobles de la famille de l'or et du platine. Là aussi, ses résultats validaient l'hypothèse de l'impact : Ganapathy trouvait une concentration d'osmium et de palladium mille fois supérieure aux moyennes terrestres. Prises dans leur ensemble, les concentrations de métaux nobles dessinaient une courbe caractéristique d'une origine météoritique.

En partant du principe que les concentrations observées représentaient des débris météoritiques dilués dans l'argile K/T (à hauteur de 7 % pour 93 % de détritus terrestres mélangés), Ganapathy calcula que l'astéroïde ou la comète responsable devait avoir une masse de 2 500 milliards de tonnes, soit un diamètre d'une douzaine de kilomètres – une estimation très proche de celle des Alvarez.

Les précurseurs

Aussi spectaculaire qu'elle fût, l'idée d'un impact cosmique sur Terre, entraînant une extinction en masse des espèces vivantes, n'était pas une idée neuve. De tout temps les comètes avaient marqué l'imagination des hommes, de sorte qu'en 1750 l'académicien français Pierre-Louis de Maupertuis avait spéculé que des impacts cométaires pouvaient ébranler la Terre, qu'ils entraîneraient des effets néfastes dans l'atmosphère et les océans et qu'ils sonneraient le glas de nombreuses espèces terrestres et marines. L'idée rencontra peu d'écho à l'époque, le monde des sciences montrant une nette préférence pour les hypothèses progressistes qui ne prenaient en compte que la Terre, isolée de toute influence cosmique.

Deux siècles plus tard, en 1956, un paléontologue de l'*Oregon State College*, M.W. de Laubenfels, jeta une lumière nouvelle sur le problème des extinctions en partant du recensement des espèces disparues et des espèces survivantes pour circonscrire la nature de l'agression sur le monde vivant. Le paléontologue avait une idée en tête : influencé par la déflagration mystérieuse de la Toungouska

Figure 2.2. – Sur de nombreux sites à travers le monde l'emplacement de la mince couche K/T (flèche) est souligné par un changement de couleur et de nature des sédiments qu'elle sépare : elle constitue ici la démarcation entre les calcaires clairs du Crétacé (en bas) et les marnes foncés du début du Tertiaire (en haut). Le marteau de géologue posé sur l'affleurement donne l'échelle. (Photo Robert Rocchia, CEA/CNRS.)

qui secoua la Sibérie en 1908 – événement attribué à l'impact d'un fragment d'astéroïde ou de comète, comme nous le verrons dans le chapitre 8 –, De Laubenfels émit l'hypothèse qu'un grand impact avait causé l'extinction de la fin du Crétacé.

D'après De Laubenfels, le massacre du monde vivant avait pris la forme de brèves mais violentes hausses de température liées à l'impact. La végétation, protégée du feu à l'état de graines ou autres formes de reproduction latentes, aurait survécu sans grand dommage – comme l'attestaient les plantes fossiles peu affectées. Les animaux, en revanche, auraient été beaucoup plus vulnérables. De Laubenfels avança que la plupart des espèces survivantes sur la terre ferme furent des animaux fouisseurs, tant reptiles que mammifères, qui auraient essuyé la terrible vague de chaleur à l'abri de leurs terriers. Quant

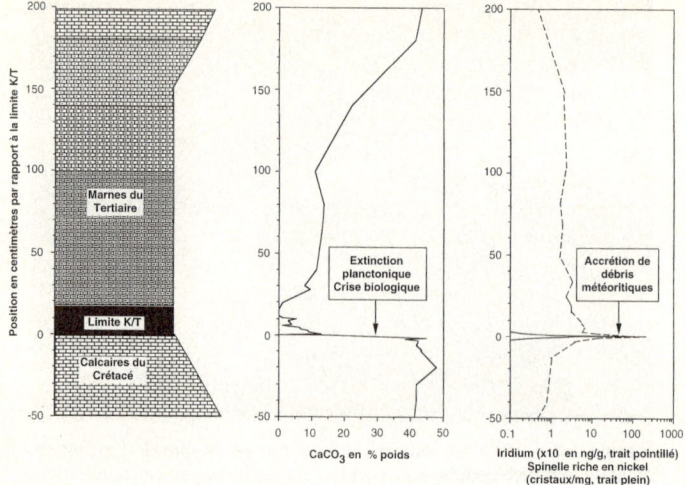

Figure 2.3. – Indices géochimiques et minéralogiques à la limite K/T (site d'El Kef en Tunisie). La teneur en résidus organiques (restes de planctons, etc.) chute brutalement au niveau de l'argile et ne retrouve une valeur normale qu'après deux mètres de sédimentation, c'est-à-dire des dizaines de milliers d'années de lente récupération de la biosphère. Dans la colonne de droite, les indices d'un impact cosmique : la teneur en iridium culmine au niveau de l'argile (trait pointillé) et s'étale de part et d'autre dans les calcaires et les marnes, principalement par le jeu de mécanismes de diffusion chimique. Les cristaux de spinelle météoritique (trait plein) sont en revanche concentrés dans l'argile K/T, témoignant de la brève durée de l'événement. (Aimablement communiqué par Robert Rocchia et Éric Robin, CEA/CNRS.)

aux animaux d'eau douce, ce sont les amphibiens comme les grenouilles qui auraient le mieux essuyé la vague de chaleur en surface, en plongeant dans la relative fraîcheur du fond où ils pouvaient se maintenir en apnée pendant plusieurs heures.

Cette spéculation paléontologique en resta là – la profession n'étant pas prête à s'ouvrir à de telles réflexions – mais le flambeau fut repris par les planétologues et les géochimistes. Le prix Nobel Harold Urey suggéra en 1972 que non seulement l'extinction de la fin du Crétacé mais aussi nombre d'autres transitions abruptes du registre fossile auraient pu être causées par des collisions cométaires. Outre quelques calculs intéressants (il évalua à 200 °C la hausse de température atmosphérique que causerait l'impact d'une comète sur Terre), Urey étaya sa thèse d'une réflexion sur les tectites.

Les tectites sont des roches vitreuses aux formes fuselées, qui ont longtemps intrigué les géologues : ces derniers comprirent dans les années cinquante et soixante qu'elles devaient être des projections expulsées de cratères d'impact, roches terrestres fondues par le choc et par l'échauffement de leur bond balistique à travers l'atmosphère. Urey réalisa que de telles échardes de verre d'impact constituaient un superbe indice à rechercher dans toute couche d'extinction – comme celle de la fin du Crétacé – afin de tester l'hypothèse d'un impact.

Urey nota qu'à la date de son article, c'est-à-dire en 1972, aucune tectite n'avait encore été signalée dans les couches de la fin du Crétacé. Le prix Nobel avait toutefois orienté le débat en montrant quels genres de pistes il fallait suivre pour résoudre l'énigme de la grande extinction : l'équipe des Alvarez devait en apporter en 1980 la brillante confirmation.

L'hypothèse se confirme

À la suite des articles d'Alvarez et de Ganapathy, les recherches se développèrent dans plusieurs directions. Tout d'abord, nombre de chercheurs focalisèrent leur attention sur la couche K/T et ses affleurements observables à travers le monde. L'anomalie d'iridium fut repérée dans un nombre croissant de localités : à Gubbio en Italie et Stevns Klint au Danemark s'ajoutèrent un site en Nouvelle-Zélande et un site en Espagne, premier d'une longue série sur la côte ibérique. En France, Robert Rocchia et ses collaborateurs du laboratoire CEA/CNRS de Gif-sur-Yvette entreprirent à partir de cette époque de nombreuses mesures d'iridium dans les couches K/T du Pays basque, d'Italie, d'Australie et de Tunisie.

Quant aux scénarios proposés pour décrire l'impact cosmique et ses conséquences, ils se mirent à fleurir. Le chercheur suisse d'origine chinoise Kenneth Hsü et l'italo-américain Cesare Emiliani proposèrent un impact en mer : Hsü mit l'accent sur la contamination chimique des océans et de la biosphère qu'un tel impact engendrerait, alors qu'Emiliani développa plus avant la notion du terrible coup de chaleur associé à l'événement. Le spécialiste des impacts Eugene Shoemaker spécula pour sa part sur le mécanisme de la collision et de la création du cratère, l'énergie dégagée s'assimilant à celle de plusieurs millions de détonations thermonucléaires simultanées.

Entre-temps, les indices cosmiques se précisaient. Le chercheur hollandais Jan Smit, qui avait trouvé une belle couche K/T à iridium en Espagne du Sud, fit état de minuscules sphérules prises dans l'argile. Ces globules d'un millimètre de diamètre (il en comptait plusieurs centaines par centimètre cube) rappelaient étrangement les tectites d'impact qu'Harold Urey, dix ans auparavant, recommandait de chercher.

Peu à peu, l'hypothèse cosmique prenait forme. À mesure que les chercheurs poursuivaient leur enquête, ils ne cessaient de découvrir de nouveaux affleurements K/T extraordinairement riches en iridium. Pas moins de quarante sites étaient recensés en 1982, tant en Afrique et en Europe, où les sites s'échelonnaient des côtes basques à la mer d'Aral, que dans les Amériques – des montagnes Rocheuses au bassin des Caraïbes.

À ce stade les chercheurs éprouvaient toutefois une certaine frustration. Ils ne voyaient pas se dégager de tendance, de motif dans les teneurs en iridium d'un site au suivant. Certains avaient nourri l'espoir qu'une augmentation de la teneur en iridium dans une direction donnée aurait pointé vers le cratère-source. C'était loin d'être le cas : si la couche de Caravaca en Espagne était l'une des plus riches

Les quartz choqués 39

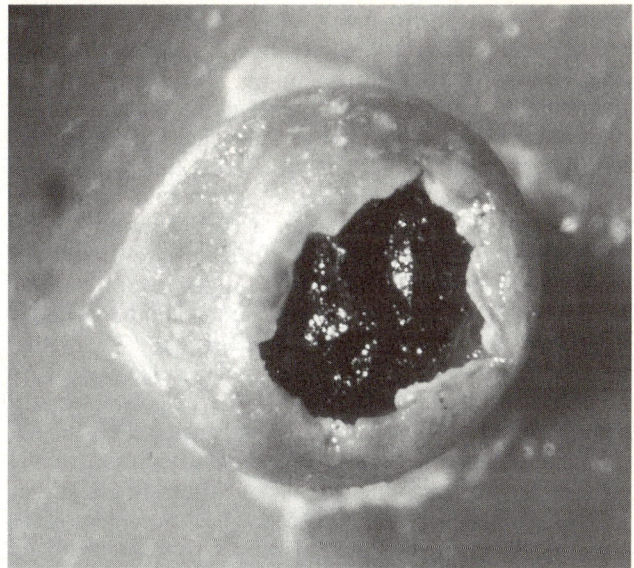

Figure 2.4. – C'est à Haïti (voir chapitre 5) qu'ont été trouvés les plus beaux tectites de la couche K/T – globules de roche terrestre fondue par la chaleur de l'impact. Ce spécimen en forme de goutte, d'un diamètre de 2 millimètres, consiste en un noyau sombre de verre d'impact (noir, au centre), enrobé d'une carapace d'argile. (Photo Glen A. Izett, U.S. Geolological Survey, Emeritus.)

en iridium, un site sous-marin près de Hawaï l'était tout autant, de même qu'un site en Nouvelle-Zélande. Apparemment l'iridium s'était dispersé uniformément, sans laisser d'indice quant à l'emplacement du « point zéro ».

Les quartz choqués

Pour les géochimistes, la richesse de la couche K/T en iridium et autres éléments sidérophiles était symptomatique d'un impact cosmique, mais elle n'était pas une preuve définitive, contestée qu'elle était par certains, comme nous le verrons dans le prochain chapitre. Non plus qu'étaient entièrement convaincantes les microsphérules d'aspect « tectite » : leur origine cosmique ne faisait pas non plus l'unanimité. En fait, dans ses premières années d'existence, l'hypothèse cosmique était à la recherche d'une légitimité que lui donneraient des preuves « classiques » d'impact – reconnues par les spécialistes de la question – et notamment des minéraux choqués à très haute pression.

Les spécialistes des cratères d'impact le savent bien : ces collisions énergétiques génèrent de telles surpressions au point zéro que les roches qui échappent à la liquéfaction et à la vaporisation totales sont brutalement choquées, les cristaux les plus fracturés se disloquant dans plusieurs plans. La déformation multilamellaire des quartz, notamment, est symptomatique de violents impacts : aucun autre phénomène dans la nature n'est capable de l'engendrer[2].

C'étaient donc des minéraux choqués que les spécialistes s'attendaient à trouver dans la couche K/T. Pour des raisons que nous évoquerons plus tard, les recherches en ce sens tardèrent à débuter et il fallut attendre 1984 pour qu'éclate enfin la nouvelle : le géologue Bruce Bohor et ses collègues de l'*U.S. Geological Survey* signalèrent de magnifiques quartz choqués dans la couche K/T de Hells Creek dans le Montana.

Sur ce site du « vallon de l'enfer » à l'est des Rocheuses, la couche K/T contenait une concentration importante d'iridium (1 ppb, soit 200 fois la norme locale), ainsi que des microsphérules de feldspath et une grande quantité de quartz. Or un quart des grains de quartz, examinés au microscope, montraient l'inimitable réseau de dislocations multiples qui caractérise les hautes pressions d'impact (voir figure 2.6). Par comparaison avec les expériences de laboratoire ces déformations indiquaient des surpressions de l'ordre de 100 gigapascals, soit tout en haut de l'échelle des pressions d'impact.

---

2. Seules les explosions nucléaires et les expériences de laboratoire atteignent des surpressions comparables à celles d'un impact et mènent au même type de déformation cristalline.

Les quartz choqués

Figure 2.5. – Le géologue Bruce F. Bohor de la U.S. Geological Survey (à droite) fut le premier chercheur à découvrir des quartz choqués – symptomatiques d'un impact cosmique – dans la couche K/T. On le voit ici sur le site K/T de El Peñon au Mexique, en compagnie d'Éric Robin du CEA/CNRS (à gauche). (Photo de l'auteur.)

La communication de Bruce Bohor mit le feu aux poudres et à partir de 1984, les découvertes de quartz choqués allèrent en se multipliant. En trois ans neuf nouveaux cas étaient rapportés : Bruce Bohor et ses coauteurs annonçaient sept nouveaux sites et non des moindres (Gubbio, Stevns Klint et autres grands lieux de la couche K/T) ; Glen Izett et Chuck Pillmore, également de l'*U.S. Geological Survey*, signalaient un site à iridium et quartz choqués au Nouveau-Mexique ; et le géologue soviétique Badjukov rapportait un site en Russie.

Dans chaque échantillon étudié la quantité de grains choqués et leur degré de déformation étaient remarquables : plus du quart de tous les grains de quartz patiemment recensés accusaient de multiples plans de dislocation, accompa-

Figure 2.6. – Gros plan d'un grain de quartz choqué, provenant de la couche K/T du Raton Basin au Colorado. D'un quart de millimètre de taille, le cristal vu au microscope polarisant montre deux séries de déformations lamellaires se croisant à angle oblique (impression hachurée), figures de choc à très haute pression que seuls les impacts météoritiques (et les explosions nucléaires) peuvent engendrer. (Photo Glen A. Izett, U.S. Geological Survey, Emeritus.)

gnés d'autres signatures optiques de déformation à haute pression[3]. Avec le temps on s'apercevra que les quartz n'étaient pas les seuls minéraux choqués de la couche K/T, bien que naturellement les plus abondants. Feldspaths et zircons découverts dans l'argile montreront les mêmes déformations cristallines caractéristiques de très hautes pressions.

---

3. Parmi les autres indices de déformation à haute pression, les cristaux choqués montrent une baisse de leur indice de réfraction et un astérisme marqué en diffraction des rayons X.

Les quartz choqués apportaient à la thèse de l'impact une preuve retentissante. Mais ils ouvraient également une piste quant à l'emplacement du cratère, et le débat prit du coup un nouvel essor. Initialement, la plupart des partisans de la thèse cosmique avaient penché pour un impact en mer : c'était après tout la solution la plus probable d'un point de vue statistique puisque les deux tiers de la surface terrestre sont recouverts d'océans. Les désordres climatiques associés à la vaporisation massive d'eau de mer sur le site de l'impact fournissaient une explication plausible au massacre du monde vivant, aggravé par l'empoisonnement chimique du milieu marin par les métaux du bolide.

Mais le quartz choqué disait tout autre chose. Le quartz est un minéral typique des roches continentales et virtuellement absent des basaltes océaniques. L'abondance de quartz choqués dans la couche K/T indiquait donc plutôt un impact en milieu continental que sur le fond de la mer et la recherche d'un cratère allait s'en trouver à la fois réorientée et stimulée : alors que les spécialistes se désespéraient de retrouver les traces d'un cratère vieux de 65 millions d'années sur le fond des océans, l'espoir de trouver une structure préservée en milieu continental était bien meilleur.

Une poussière de diamants

La couche K/T, entre-temps, livrait d'autres secrets. Examinant sa teneur en carbone, les chercheurs canadiens Carlisle et Braman annonçaient en août 1991 la découverte d'une poussière de diamants.

La signature spectroscopique du carbone ne laissait aucun doute, confirmée en 1992 par des images au microscope électronique réalisées par le Britannique Iain Gilmour : la couche K/T était constellée de microdiamants de cinq à six nanomètres de taille – plus petits que des virus. Ce n'était pas leur valeur commerciale, insignifiante, qui excitait les chercheurs, mais les nouveaux renseignements qu'ils pouvaient tirer de ces surprenants cristaux.

Le diamant est un cristal de carbone. La première constatation fut que les microdiamants de la couche K/T n'étaient pas issus du manteau terrestre en profondeur : beaucoup trop petits, ils se seraient sublimés en gaz carbonique s'ils avaient été soumis aux fortes températures et faibles pressions des éruptions volcaniques nécessaires pour les remonter à la surface. De surcroît, les diamants de la couche K/T contenaient très peu d'impuretés d'azote, à la différence des diamants du manteau terrestre.

Seul un impact violent à la surface du globe pouvait expliquer de tels diamants. Le phénomène était bien connu des géologues planétaires qui avaient observé de nombreux microdiamants dans les couches d'ejecta des impacts terrestres, comme à l'astroblème du Popigai en Russie où ces microdiamants se rassemblent en petits amas polycristallins, visibles à l'œil nu.

En ce qui concerne les microdiamants de la couche K/T, une importante question était de savoir s'ils s'étaient formés à partir du carbone du bolide incident ou de la roche cible sur la Terre. Les découvreurs Carlisle et Braman commencèrent par suggérer que les microdiamants distribués dans l'argile provenaient du bolide, mais en mesurant leur composition isotopique, Iain Gilmour démontra que la matière première des microdiamants K/T était du carbone terrestre, apparemment présent en grande quantité sur le site de l'impact. Leur mode de formation exact reste à préciser : ils auraient pu soit se former par choc dans du carbone solide, soit se condenser à partir du nuage de matière vaporisée à très haute température par l'impact.

Au chapitre du carbone, notons aussi la découverte dans la couche K/T d'acides aminés d'origine extraterrestre.

Les acides aminés sont des molécules à base de carbone, d'azote, d'oxygène et d'hydrogène : il en existe de nombreuses variétés naturelles dans l'univers, certaines étant abondantes sur Terre, alors que d'autres ne se rencontrent que dans la matière cosmique primitive (notamment dans les météorites). Or ce sont ces dernières que l'on rencontre sur le site K/T de Stevns Klint au Danemark, et notamment de l'isovaline et de l'acide alpha-amino-isobutyrique, autrement introuvables sur Terre [4].

Depuis cette première découverte d'acides aminés extraterrestres à la limite K/T, d'autres ont suivi. Sur un site K/T au Canada, Carlisle et Braman ont ainsi découvert 51 types d'acides aminés, dont 18 n'ont pas d'équivalents sur Terre.

Le témoignage des spinelles

Autres indices minéraux de la couche K/T, les spinelles apportent un témoignage capital. On appelle *spinelles* une grande famille d'oxydes métalliques qui renferment des proportions variables de fer, magnésium, aluminium, titane, nickel et chrome [5]. Or on en trouve d'énormes quantités dans la couche K/T, reconnaissables par leurs formes élégantes – découpages dendritiques en « flocons de neige », octaèdres et autres motifs cruciformes (voir figure 2.8) –, formes qui sont symptomatiques d'une solidification rapide à partir d'un matériau fondu à très haute température.

Rien d'extraordinaire à première vue – les spinelles sont des minéraux communs sur Terre – si ce n'est leur composition chimique très particulière. Il faut en effet savoir que les spinelles terrestres, formés dans les magmas souterrains coupés de l'air extérieur, ont un faible degré d'oxydation, ce qui se traduit chimiquement par de hautes teneurs en fer, titane et chrome. Les spinelles de la couche K/T, en revanche, affichent un haut degré d'oxydation et se distin-

---

4. À Stevns Klint on ne trouve pas ces fragiles molécules dans la couche K/T elle-même mais immédiatement en dessous et au-dessus de la limite, ce qui a mené Kevin Zahnle et David Grinspoon de la NASA à proposer que le bolide responsable de la couche K/T fut une comète qui s'était progressivement désintégrée avant que son noyau ne heurte finalement la Terre. Les acides aminés auraient fait partie du fin voile de matière cosmique dispersé dans le sillage de la comète, que la Terre aurait maintes fois balayé pendant des milliers d'années avant et après l'impact final.
5. Parmi le groupe des spinelles, on appelle *magnétites* les oxydes de fer pur ; *chromites* ceux de fer et de chrome ; et *spinelles* (au sens strict) ceux de magnésium et d'aluminium.

Figure 2.7. – Éric Robin (du CEA/CNRS) au travail sur le site K/T de Mimbral au Mexique. Il désigne de son marteau le niveau où sont concentrés l'anomalie d'iridium et autres indices d'un impact cosmique. (Photo de l'auteur.)

guent par de hautes teneurs en nickel et magnésium. Ce type de spinelle ne provient donc pas du manteau terrestre : il est au contraire symptomatique d'un processus particulier, l'*ablation*, qui accompagne la rentrée d'un bolide cosmique dans l'atmosphère terrestre.

En effet, l'échauffement des bolides lors de leur violente rentrée dans l'atmosphère entraîne la fonte de leurs minéraux superficiels en de véritables gouttelettes qui se détachent du bolide, s'oxydent dans l'air traversé, et se recristallisent en de nouveaux cristaux. Parce que la matière première libérée par les météorites est riche en nickel (les chondrites en contiennent de 1 à 2 %), ce processus d'ablation conduit à la formation de quantités importantes de spinelles nickélifères.

Le témoignage des spinelles 47

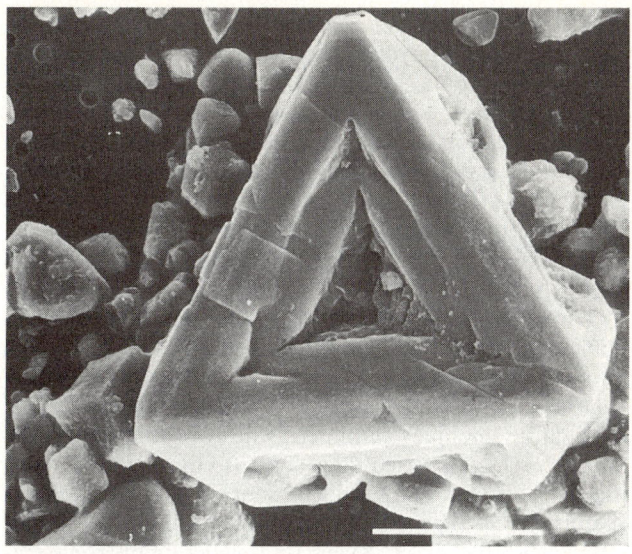

Figure 2.8. – Vue au microscope d'un cristal de spinelle de la couche K/T, large d'une trentaine de microns. Ces cristaux riches en nickel (on les appelle magnétites nickélifères) sont sans équivalent dans les roches terrestres : ils sont formés par la fusion et l'oxydation des météorites lorsqu'elles pénètrent l'atmosphère, et sont la preuve d'un impact cosmique à la limite K/T. (Photo J. Gayraud et Éric Robin, CEA/CNRS.)

Comme l'opération se déroule dans une atmosphère terrestre riche en oxygène et violemment comprimée par la traversée du bolide (à la façon d'un effet « turbo »), ces spinelles nickélifères atteignent un haut degré d'oxydation. On peut même déterminer d'après leur taux d'oxydation une information assez grossière sur l'altitude où s'est déroulé le phénomène d'ablation et, partant, sur la taille du bolide. Par exemple les micrométéorites, de la taille d'une tête d'épingle, sont freinées et échauffées dès les couches supérieures de l'atmosphère, entre 80 km et 40 km d'altitude, et leur oxydation se déroule sous une relativement faible pression d'oxygène. Les bolides plus gros, en revanche, pénètrent plus profondément dans l'atmosphère et leurs produits d'ablation sont soumis à une oxydation beaucoup plus intense.

Selon ce schéma, les cristaux de spinelle de la couche K/T nous renseignent sur leur altitude de formation : leur taux d'oxydation est très élevé (entre 80 % et 100 %), ce qui indique que l'oxydation s'est déroulée à des altitudes inférieures à 20 km. Les cristaux d'ablation proviennent donc de gros bolides qui ont pénétré profondément dans l'atmosphère, et non de micrométéorites « consumées » à haute altitude.

Outre ces considérations physico-chimiques, les cristaux de spinelle de la couche K/T confirment que l'événement qui les déposa fut bref. Alors que les anomalies d'iridium sont tachées d'imprécision temporelle (car elles débordent souvent de quelques centimètres de part et d'autre de la couche K/T sous le jeu de processus chimiques et biologiques[6]), les cristaux de spinelle sont en revanche tous rassemblés sur quelques millimètres. Éric Robin au laboratoire CEA/CNRS de Gif-sur-Yvette fut l'un des premiers à souligner cette concentration remarquable : sur le site K/T d'El Kef en Tunisie, 95 % des cristaux de spinelle sont concentrés dans les deux premiers millimètres de l'argile, soulignant le côté tant cosmique qu'instantané de l'événement (voir figure 2.3).

Après le témoignage de l'iridium, des quartz choqués, des microtectites et des diamants, les spinelles d'ablation scellaient donc aux yeux des spécialistes l'hypothèse d'un impact majeur à la limite K/T. Mais comme nous allons le voir dans le prochain chapitre, toutes ces preuves allaient être contestées pendant près d'une décennie.

---

6. L'iridium est en effet un élément légèrement soluble, qui peut être entraîné par les eaux interstitielles plusieurs centimètres de part et d'autre de la couche où il s'est initialement déposé. De même, les grains d'argile contenant l'iridium peuvent être déplacés sur des distances similaires par l'action de micro-organismes fouisseurs « jardinant » les sédiments – phénomène dit de *bioturbation*.

Chapitre 3
La controverse

Dès qu'elle fut proposée en 1980, l'hypothèse d'un impact cosmique à la fin du Crétacé fut vivement contestée, d'une part parce qu'elle impliquait un événement instantané et, d'autre part, parce qu'elle invoquait une cause extraterrestre.

L'instantané dérangeait. En géologie et notamment en paléontologie le cursus académique enseignait que rien n'était catastrophique et que tout était progressif. Quant aux causes extraterrestres, elles constituaient une hérésie pour les chercheurs habitués à raisonner en vase clos à l'échelle de la planète : nul besoin d'invoquer le cosmos pour régler des problèmes « domestiques », d'autant plus que les géologues de la filière classique avaient bien peu d'expérience des phénomènes d'outre-Terre. Les impacts d'astéroïdes et de comètes ne figuraient pas dans les programmes de base des sciences de la Terre et restaient limités aux rares cours de géologie planétaire à l'audience tout à fait restreinte[1].

L'hostilité envers la thèse extraterrestre était d'autant plus forte qu'elle froissait les susceptibilités. Paléontologues et géologues avaient ferraillé pendant des décennies pour tenter d'expliquer les extinctions du monde vivant, et voilà qu'une équipe de géochimistes « de laboratoire » venaient leur apprendre leur métier.

1. Heureusement la situation est en train d'évoluer. En France, la géologie planétaire est enseignée depuis 1993 dans le cycle secondaire, de même que l'événement K/T est présenté depuis 1995 dans les cours de Terminale-S.

Il n'est donc pas étonnant que dans ce contexte l'annonce d'une catastrophe cosmique instantanée, fondée sur la concentration d'un obscur atome de la famille du platine, laisse incrédule la grande majorité des chercheurs.

L'hypothèse volcanique

Cette réaction à l'hypothèse cosmique prit plusieurs formes.

Tout d'abord l'anomalie d'iridium elle-même fut prise à parti et son origine cosmique contestée, ce qui relevait d'ailleurs de la plus pure démarche scientifique car le propre d'une thèse est bien qu'elle résiste à l'assaut des critiques et qu'elle se plie tant à l'épreuve de nouvelles données qu'à la comparaison avec d'autres modèles explicatifs.

Dans un premier temps, comme les premiers sites K/T étudiés relevaient d'une sédimentation en milieu marin, certains géologues s'interrogèrent si au lieu d'une origine cosmique, l'iridium ne serait pas d'origine marine. L'eau de mer contient en effet des traces infimes d'iridium : peut-être qu'à l'époque K/T un mécanisme chimique hors du commun avait purgé et déposé sur le fond tout l'iridium contenu dans les océans. Mais cette explication se heurta à deux écueils : d'une part, même en concentrant la totalité de l'iridium des océans, on n'arrivait pas au centième[2] de la quantité contenue dans la couche K/T ; d'autre part, de fortes concentrations d'iridium furent également trouvées dans les couches K/T continentales, formées en milieux lacustres et fluviaux. L'anomalie d'iridium n'était donc pas d'origine marine mais bien globale.

Deux chercheurs de l'université de Dartmouth dans le New Hampshire, Charles Officer et Charles Drake, proposèrent alors en 1985 un scénario faisant appel à de massives

---

2. En effet la mer ne contient que 10^{-15} g/cm^3 d'iridium. Concentrer la totalité de cet iridium ne déposerait dans la couche K/T que 0,3 nanogrammes par cm^2, à peine le centième de la quantité observée dans la couche K/T.

L'hypothèse volcanique

Figure 3.1. – Éruption sur les flancs du Kilauea, aux Îles Hawaï. En opposition à l'hypothèse cosmique, un volcanisme de point chaud fut proposé en 1985 comme la source des anomalies en iridium de la couche K/T. (Photo J.D. Griggs, U.S. Geological Survey.)

éruptions volcaniques[3]. Leur argumentation était fondée sur le fait que le manteau profond de la Terre contient beaucoup plus d'iridium que la croûte superficielle, et que cet iridium aurait pu être puisé en profondeur par un volcanisme particulier, dit de *point chaud*, pour être rejeté dans l'atmosphère. Drake et Officer citèrent en exemple les volcans des Îles Hawaï, à l'aplomb d'un point chaud, où des mesures effectuées au Kilauea par le volcanologue Ed Zoller et son équipe indiquaient d'inhabituelles concentrations d'iridium dans les cendres et les gaz éruptifs – l'équivalent

---

3. La thèse qu'un volcanisme abondant à la fin du Crétacé aurait causé la grande extinction avait été suggérée au préalable par Peter Vogt en 1972 et modélisée par Dewey McLean à partir de 1975.

de trois grammes d'iridium relâchés par million de mètres cube de magma.

Toutefois les critiques furent prompts à souligner que même à ce taux élevé d'iridium, il aurait fallu plusieurs *milliards* d'éruptions comme celle du Kilauea pour atteindre la quantité du métal rare présente dans la couche K/T, son mécanisme de transport et de mise en place autour du globe restant au demeurant à préciser. Les géochimistes rappelaient aussi que dans la couche K/T l'iridium était accompagné par d'autres métaux rares en proportions cosmiques et non volcaniques. Au total, la thèse de l'impact sortait donc renforcée de la comparaison.

Deuxième argument à passer au crible de la critique : les quartz choqués de la couche K/T. Ces cristaux violemment déformés dans plusieurs plans, comme on l'a vu au chapitre précédent, sont caractéristiques de très hautes pressions, comme seuls peuvent en produire à la surface de la Terre les impacts et les explosions nucléaires. Dans le camp des volcanistes, Officer et Drake répliquèrent que des explosions volcaniques pouvaient également produire de très hautes pressions et déformer des cristaux, citant les « intrusions volcaniques » de Vredefort en Afrique du Sud et de Sudbury au Canada et leurs quartz choqués. Raisonnement circulaire dans la mesure où l'origine de ces deux formations était controversée : il est aujourd'hui admis par la grande majorité des spécialistes que Vredefort et Sudbury sont justement des cratères d'impact !

Dans un article publié l'année suivante (1986), Officer et ses coauteurs abandonnèrent d'ailleurs leur référence à Sudbury et minimisèrent leur référence à Vredefort. En revanche ils citèrent cette fois des grains minéraux « choqués » dans les projections volcaniques de Toba dans l'île de Sumatra, une gigantesque caldera mesurant 100 km de long par 30 km de large et dont la dernière éruption cataclysmique remonte à 75 000 ans. Les auteurs ne trouvèrent des traces de choc que dans quelques grains de quartz sur mille, les déformations ne courant que dans un seul plan, alors que les quartz choqués de la couche K/T se caractérisent tant par leur nombre (25 % des grains sont choqués) que par la complexité de leurs déformations en plusieurs plans croisés. Mais en dépit de ces nettes différences entre les quartz choqués de la couche K/T et les projections volcaniques qu'ils prenaient pour modèles, Officer, Drake et leurs partisans ne démordaient pas de leur point de vue[4].

Les trapps du Deccan

Malgré la fragilité de leurs arguments, les volcanistes avaient en effet un candidat fort séduisant pour expliquer la couche K/T et les extinctions associées : les trapps[5] volcaniques du Deccan en Inde.

Les trapps sont des épanchements volcaniques extraordinaires, dont on ne recense qu'une dizaine de cas au cours des 300 derniers millions d'années. Ce sont les plus grands phénomènes effusifs qui ont lieu à la surface de la Terre, comparables par leurs dimensions aux mers de basalte de la Lune et aux vastes plaines volcaniques de Mars et de Vénus. Au Deccan par exemple, les laves s'étendent sur près de 500 000 km^2 – la superficie de la France – et comme leur épaisseur atteint mille à deux mille mètres, on estime leur volume total à près d'un million de kilomètres cube (voir figure 3.2).

Mais là où les trapps du Deccan se font le plus remarquer, c'est en ce qui concerne leur âge. Leur période d'éruption s'échelonne en effet sur la fin du Crétacé et le début du Tertiaire, crise K/T incluse.

---

4. Pour ce qui est du spinelle nickélifère de la couche K/T, notons que les « volcanistes » se gardèrent bien de le mentionner : de tels cristaux étaient inconnus dans les dépôts volcaniques. À leur décharge, il faut préciser que l'origine cosmique de ces cristaux – par échauffement d'un bolide cosmique dans l'atmosphère – ne fut démontrée de façon convaincante qu'à partir de 1991, grâce aux travaux d'Éric Robin et de ses collaborateurs du laboratoire de Gif-sur-Yvette.

5. Le mot *trapp* signifie « escalier » en suédois et en néerlandais : ces grands plateaux de basalte sont en effet débités par l'érosion en de multiples terrasses qui ressemblent à des marches.

Figure 3.2. – Les trapps volcaniques du Deccan en Inde : ces immenses plateaux basaltiques, aujourd'hui débités par l'érosion, montrent les bandes sombres de leurs éruptions répétées, échelonnées de 66 à 64 millions d'années. Le volcanisme du Deccan fut postulé comme étant la source de la couche K/T et d'un bouleversement climatique progressif à la fin du Crétacé. (Photo Robert Rocchia, CEA/CNRS.)

La coïncidence de ce grand cycle éruptif avec la crise K/T était suffisamment improbable d'un point de vue statistique pour que l'on s'interrogeât sur l'existence d'une relation de cause à effet. L'idée avait effleuré le chercheur américain Peter Vogt dès 1972, avant d'être reprise dans les années quatre-vingt par les volcanistes de Dartmouth et par le géophysicien Vincent Courtillot en France. Certes les trapps dans leur ensemble ne constituaient pas un événement bref comme l'était de toute apparence la couche K/T, mais on pouvait supposer que cette dernière représentait un paroxysme explosif au milieu d'une longue et néfaste série d'éruptions ayant déstabilisé le monde vivant.

Les trapps du Deccan

Malgré leur séduisante synchronicité avec la crise de la fin du Crétacé, les trapps du Deccan se retrouvaient en butte aux mêmes critiques que l'hypothèse volcanique en général, avec de surcroît des circonstances aggravantes. C'est ainsi qu'une analyse des laves indiennes par Robert Rocchia et son équipe y révéla un taux d'iridium insignifiant : moins de 0,01 nanogramme par gramme de lave. Ainsi, même en purgeant la totalité des laves du Deccan de tout leur iridium, on n'obtiendrait pas le centième de la quantité observée dans la couche K/T.

D'autre part, on expliquait mal comment des quartz choqués de plusieurs millimètres de taille pouvaient être émis par un volcan en Inde et retomber en Amérique du Nord (où les sites K/T révélaient les plus grosses billes de quartz), à près de vingt mille kilomètres de distance[6]. L'hypothèse était d'autant plus difficile à soutenir que rien dans les trapps du Deccan n'indiquait de phase cataclysmique qui aurait pu choquer et éjecter du quartz : les strates se limitaient à des coulées de lave très fluides, sans épaisses couches de cendres témoignant d'explosions majeures ni le moindre grain de quartz choqué.

Le calendrier précis des éruptions laissait aussi à désirer. Certes, Vincent Courtillot et son équipe avançaient, sur la foi de leurs mesures géomagnétiques, que la quasi-totalité des éruptions étaient concentrées sur un court intervalle de temps (quelques centaines de milliers d'annés), exactement centré sur la crise K/T, ce qui leur permettait d'assurer qu'un tel synchronisme ne pouvait être le fruit du hasard.

Toutefois, d'autres travaux de datation entrepris par les géologues indiens (notamment T.R. Venkatesan) laissent entendre que les éruptions du Deccan durèrent non pas quelques centaines de milliers d'années, mais près de cinq millions d'années au total, et qu'elles culminèrent il y a

---

6. Il suffit de prendre comme référence l'explosion cataclysmique du Toba (la plus grande dispersion de cendres étudiée à ce jour), où les grains d'un centimètre de taille retombèrent à moins de 100 km de la caldera. À partir de 1 000 km, les cendres mesurent moins de 300 microns. Il n'y a plus de cendres du tout au-delà de 2 500 km.

67 millions d'années, soit deux millions d'années avant la crise K/T. La coïncidence perd donc de son mordant.

En outre, le géologue Narendra Bandhari aurait découvert l'emplacement exact de l'événement K/T dans les trapps du Deccan, sous la forme de concentrations d'iridium au beau milieu d'une couche de sédiments, entre deux coulées de lave tardives. Ainsi, la crise K/T aurait eu lieu vers la fin du cycle éruptif, ce qui ne soutient guère une relation de cause à effet avec le volcanisme (en effet, dans une éruption de style « trapp », les volcanologues s'attendraient plutôt à ce que l'environnement soit bouleversé en début de cycle éruptif, lorsque la fonte de la croûte continentale favorise des éruptions explosives). Venant confirmer ce décalage entre éruptions et crise K/T, s'ajoute évidemment le fait que là où elle fut découverte dans le Deccan (la province d'Anjar), la couche K/T fut déposée au beau milieu d'une couche de sédiments de dix mètres d'épaisseur, représentant des centaines de milliers d'années d'accalmie entre deux coulées de lave !

Enfin, il convient de demander aux dinosaures eux-mêmes ce qu'ils ont pensé des éruptions. Les géologues indiens Z. G. Ghevariya, S. Bajpai et leurs équipes ont trouvé d'abondants ossements et coquilles d'œufs de dinosaures dans les sédiments du Deccan, entre les coulées de lave, jusqu'au niveau de la couche K/T où ils s'interrompent brutalement. Les dinosaures prospéraient donc – et se reproduisaient gaiement – au travers des éruptions sans enregistrer de chute catastrophique de leurs effectifs ! (notons que l'Inde était une île à l'époque, et on ne peut donc pas prétendre que les dinosaures avaient quitté la région lors de chaque éruption pour ensuite revenir sur place). Ce n'est que lors de l'impact cosmique (au niveau K/T) qu'ils ont été exterminés, comme partout ailleurs sur la planète.

La charge des gradualistes

Malgré leur difficulté à expliquer les caractéristiques de la couche K/T par des processus éruptifs, les volcanistes entretinrent néanmoins le suspense jusqu'au début des années quatre-vingt-dix en remettant en cause les fondements même du problème K/T et notamment la brièveté de la crise biologique.

Citant les paléontologues les plus « gradualistes », les volcanistes prônèrent des extinctions étalées dans le temps, commençant de concert avec les trapps du Deccan et embrassant toute leur durée, l'argile à iridium étant réduite à une simple péripétie sans importance particulière.

À Dartmouth par exemple, le volcaniste Charles Officer continue d'affirmer jusqu'à ce jour que les dinosaures avaient décliné bien avant la fin du Crétacé, et que seules deux espèces en Amérique du Nord avaient survécu jusqu'à la fin de la période : le Tyrannosaure et le Triceratops[7].

Cette position est aujourd'hui de moins en moins crédible : plus les spécialistes effectuent des fouilles dans les strates de la fin du Crétacé, plus ils constatent le nombre important d'espèces de dinosaures qui peuplaient la planète jusqu'au moment de la catastrophe. Sur les sites du Montana, par exemple, les paléontologues ont recensé une quinzaine d'espèces différentes de dinosaures en place jusqu'à la fin du Crétacé, et font remarquer qu'en réalité, vu la difficulté à découvrir des fossiles de grands vertébrés, le nombre réel d'espèces de dinosaures était sans doute plus proche de la trentaine. En Inde, nous avons vu que plusieurs espèces régionales de dinosaures prospéraient jusqu'au niveau exact de la fin du Crétacé. En France, dans les Corbières, des vertèbres d'hadrosaures ont été découverts quelques décimètres sous le niveau de la crise K/T. D'autres espèces seront découvertes à mesure que les

---

7. Voir *The Great Dinosaur Extinction Controversy* de Charles Officer et Jake Page, Addison-Wesley Publishing Company, Inc., 1996.

fouilles s'étendront à de nouveaux sites en Amérique et en Europe, en Chine et au Sahara. Ainsi, vu la diversité des habitats à travers le monde, le paléontologue Dale Russell estime que, loin d'être sur le déclin, *plusieurs centaines* d'espèces différentes de dinosaures prospéraient jusqu'au moment fatidique de la crise K/T.

Si les dinosaures semblaient les lâcher, les gradualistes pensaient au moins s'appuyer sur d'autres groupes d'animaux pour prôner des extinctions étalées dans le temps. Ainsi les ammonites – ces grands mollusques aux coquilles spiralées qui nous ont laissé de magnifiques fossiles – ont longtemps paru s'éteindre progressivement sur plus d'un million d'années avant la crise K/T (d'après les sites fossilifères en Espagne, notamment), soutenant la thèse de lentes perturbations de l'environnement dues aux fameuses éruptions volcaniques du Deccan ou à une baisse du niveau marin.

Or même les ammonites contredisent aujourd'hui ces thèses gradualistes. Au milieu des années quatre-vingt, sur la côte basque, le paléontologue Peter Ward avait trouvé le dernier fossile d'ammonite une dizaine de mètres sous la couche K/T, postulant que la dernière espèce s'était éteinte plus de 100 000 ans avant l'impact. En revenant sur le site dans les années quatre-vingt-dix, et sans les préjugés gradualistes qui l'influençaient auparavant, Peter Ward a trouvé douze espèces différentes d'ammonites dans le dernier mètre de sédiments précédant la couche K/T, qui avaient donc prospéré jusqu'au moment de la catastrophe (d'autres espèces d'ammonites, il est vrai, avaient bien disparu progressivement au cours des millénaires antérieurs, comme les gradualistes l'avaient soutenu).

Pour la petite histoire, le paléontologue Jan Smit a trouvé un fossile d'ammonite exactement au niveau de la couche K/T, fossile au sein duquel le géochimiste Robert Rocchia a découvert de l'iridium et des spinelles en provenance de l'impact ! L'astéroïde aurait voulu signer son meurtre qu'il ne s'y serait pas pris autrement.

Le timing précis de la catastrophe peut d'ailleurs être examiné en ayant recours aux microfossiles, restes de plancton et autres protozoaires marins qui sont bien plus abondants que les fossiles de gros animaux, et permettent donc une analyse bien plus fine des événements. Là aussi, partisans de l'impact et « gradualistes » avaient une vision bien différente de la question. Nombre de paléontologues, tel Jan Smit de la Free University of Amsterdam, voyaient au microscope que la majorité des espèces de plancton s'éteignaient brutalement au niveau de la couche K/T, alors que d'autres paléontologues, telle Gerta Keller de Princeton, voyaient pour ces mêmes espèces une disparition progressive sur des dizaines de centimètres (soit des dizaines de milliers d'années) de part et d'autre de la fameuse couche d'argile.

Assurément il y avait là problème : l'une des deux écoles en lice devait se tromper. Prenant une initiative assez rare pour être soulignée, les partisans des deux thèses opposées – catastrophistes et gradualistes – convinrent de recourir à un jugement d'experts. Il fut décidé qu'un panel de paléontologues étudierait une douzaine d'échantillons collectés de part et d'autre de la couche K/T pour identifier les différents fossiles présents et définir pour chaque espèce son niveau d'extinction.

Les protagonistes choisirent le site de El Kef en Tunisie, où la stratigraphie des microfossiles de plancton était particulièrement riche et détaillée. Le site se prêtait d'autant mieux à une confrontation que les paléontologues soutenant une extinction massive et instantanée, tel le Néerlandais Jan Smit, et les paléontologues gradualistes, telle la Suissesse Gerta Keller, y avaient décrit la distribution et l'extinction des espèces fossiles de façons radicalement opposées. Jan Smit et son école y voyaient les différentes espèces s'éteindre d'un « coup de guillotine » sur le fil du rasoir de la couche K/T, alors que Gerta Keller voyait pour les mêmes espèces des extinctions à différents niveaux en dessous et au-dessus de la couche.

Dans le test organisé pour départager les écoles en lice, des échantillons collectés à différents niveaux en dessous et au-dessus de la couche K/T d'El Kef furent distribués à

Figure 3.3. – Le géologue Charles L. Pillmore a découvert au Nouveau-Mexique, près de la limite K/T, la trace de pas fossilisée d'un Tyrannosaurus Rex, de près d'un mètre de large (le chercheur s'appuie sur le moulage naturel des trois doigts de pied du gigantesque saurien). Pillmore a découvert des traces de dinosaures de plus en plus proches de la couche K/T, au Colorado et au Nouveau-Mexique, prouvant que les dinosaures ne se sont pas éteints graduellement mais florissaient jusqu'au moment de la catastrophe. (Photo aimablement communiquée par Charles L. Pillmore, U.S. Geological Survey, Emeritus.)

quatre paléontologues, sans que ceux-ci soient renseignés – pour plus d'impartialité – sur le niveau d'où provenait chaque échantillon. Le bilan de l'opération fut extrêmement instructif : au cours de leur minutieux recensement des microfossiles, chaque « juré » manqua une ou plusieurs espèces dans chaque échantillon – espèces que ses trois confrères avaient, eux, identifiées de leur côté. Cela reflétait combien il était parfois difficile de reconnaître une espèce rare dans un échantillon : un paléontologue travaillant seul pouvait conclure à la disparition d'une espèce avant la couche K/T pour l'avoir simplement manquée ou confondue avec une autre.

En revanche, les délibérations des quatre jurés indiquaient que si leurs observations étaient mises en commun, la totalité des espèces en litige étaient identifiées par au moins deux d'entre eux jusqu'à la couche K/T, mais jamais au-dessus, ce qui prouvait bien que l'extinction avait eu lieu à ce niveau fatidique.

Contrairement à ce qu'espéraient les volcanistes, les espèces en question n'avaient donc pas périclité au cours de dizaines ou de centaines de milliers d'années : la brièveté de l'extinction était confirmée et confinée au niveau quasi millimétrique de la couche K/T.

Dinosaures, ammonites et plancton, à mesure que les études se sont multipliées, ont donc fini par confirmer la même histoire : la biosphère a été décimée brutalement, à un niveau précis (celui de la couche K/T), à travers le monde entier. Au passage, cette mise au point paléontologique a permis d'illustrer une vérité énoncée dès les années quatre-vingt par les paléontologues Philip Signor et Jere Lipps de l'université de Californie : les espèces rares semblent toujours disparaître avant leur niveau réel d'extinction, tout simplement parce qu'il n'y a pas assez de fossiles pour garantir que l'on en découvrira jusqu'à ce niveau précis. Sans compter que la brièveté d'une crise biologique dépend de la précision avec laquelle on veut bien l'étudier...

Sociologie d'une controverse

Il est intéressant de se pencher sur les raisons qui ont scindé la communauté scientifique en deux camps si radicalement opposés à propos de la grande extinction de la fin du Crétacé, et de chercher quels facteurs gouvernent la pensée scientifique dans ces périodes de crise quand des paradigmes sont ébranlés et la pensée confrontée à d'inconfortables remises en question.

Nous avons déjà eu l'occasion de le souligner : la thèse d'un impact bouleversant l'écosystème s'opposait aux concepts enseignés – à savoir que la Terre était gouvernée par des changements lents et progressifs. En faisant appel à un mécanisme extraterrestre, la thèse de l'impact se heurtait d'autre part à un certain esprit de clocher « terrestre », qui voulait que la planète gère elle-même ses propres affaires, sans intervention extérieure. Cette attitude fut d'ailleurs illustrée par les déclarations de plusieurs paléontologues, affirmant qu'ils trouvaient plus de satisfaction à chercher des causes terrestres aux événements du globe que de se tourner vers le ciel. En 1985, une critique de la thèse cosmique dans le *New York Times* conclut ainsi que « les astronomes devraient laisser aux astrologues le soin de chercher la cause d'événements terrestres dans les étoiles[8] ».

Pour mieux comprendre ce « mépris » des impacts, il faut à nouveau souligner combien ce processus géologique fut minimisé, voire totalement ignoré dans l'enseignement des sciences de la Terre : la plupart des géologues et des paléontologues formés dans les années cinquante et soixante – et qui se retrouvèrent en première ligne lorsque l'énigme de la couche K/T fut débattue – n'avaient jamais entendu parler d'impact, sinon comme d'un processus qui aurait eu quelque importance lors de la formation de la Terre il y a quatre milliards d'années, sans avoir joué de rôle depuis.

Ce n'est qu'au cours des années soixante que la préparation des vols Apollo et la cartographie des cratères d'impact de la Lune attirèrent l'attention sur leurs possibles équivalents terrestres. Les études d'Eugene Shoemaker aux États-Unis (qui écrivit sa thèse sur le cratère de l'Arizona) et de Richard Grieve au Canada remirent les pendules à l'heure : la chasse aux cratères d'impact fut lancée, comme nous le verrons dans le prochain chapitre. Mais ces études d'avant-

---

8. Cité dans *The Mass-Extinction Debates : How Science Works in a Crisis*, une remarquable collection d'essais sur la controverse KT, compilée par le sociologue William Glen (Stanford University Press, 1994).

garde ne quittèrent pas le milieu très restreint d'une poignée de spécialistes : aux États-Unis comme au Canada, les étudiants en géologie n'entendirent pas plus parler de cratères d'impact que lors des décennies précédentes, à moins d'avoir la chance de suivre les cours spécialisés des quelques Shoemaker, Dietz, French et autre Grieve clairsemés sur le continent nord-américain. Quant aux étudiants européens, leur cursus académique ne faisait pas mention du moindre cratère d'impact, leur étude étant confinée à un ghetto encore plus restreint qu'outre-Atlantique.

Une scission entre chercheurs nord-américains et européens devait se creuser au fil des années : le nombre de géologues planétaires sensibilisés à la science des impacts augmentait lentement en Amérique alors qu'il restait insignifiant en Europe. La réaction des scientifiques à la théorie cosmique des Alvarez refléta bien cet état de faits, comme l'illustrèrent les chercheurs Antoni Hoffman et Matthew Nitecki dans un sondage conduit au printemps 1984[9].

Sur les quelque cinq cents chercheurs interrogés en Amérique du Nord et en Europe[10] plusieurs tendances se dégageaient nettement : les chercheurs du bloc de l'Est se montraient peu concernés par le sujet; Allemands et Britanniques montraient quelque intérêt dans la controverse mais rejetaient catégoriquement la thèse cosmique; alors que les Nord-Américains acceptaient ou du moins considéraient la thèse cosmique avec le moins de réticence. Ce n'était pas surprenant dans la mesure où la science des impacts était mieux étudiée sur ce continent, sous l'impulsion de la NASA, mais aussi parce que les auteurs de l'hypothèse cosmique étaient eux-mêmes américains et que leur

---

9. À cette époque l'anomalie d'iridium était connue et débattue depuis déjà cinq ans mais la découverte de quartz choqués n'avait pas encore été annoncée (elle le sera un mois plus tard), alors que de leur côté volcanistes et gradualistes venaient de publier les arguments majeurs de leur contre-attaque.
10. L'échantillonnage se composait de 172 paléontologues et 82 géophysiciens nord-américains, 118 paléontologues britanniques, 113 paléontologues allemands, 122 géologues polonais et 20 géologues soviétiques.

théorie avait été publiée dans une revue américaine, *Science*, lue principalement en Amérique du Nord.

Détail intéressant : les géophysiciens nord-américains étaient prêts à accepter l'idée qu'un impact avait bien eu lieu à la fin du Crétacé et qu'il était la cause de l'extinction des espèces, alors que les quelques paléontologues nord-américains qui s'étaient laissé convaincre de la réalité d'un impact à la limite K/T refusaient de reconnaître qu'il puisse être la cause de la grande extinction[11].

Une guerre interdisciplinaire

Au-delà de la scission géographique, cette scission disciplinaire dans l'attitude des chercheurs est facile à comprendre. La théorie des Alvarez repose en effet sur des considérations très spécialisées – notamment de géochimie isotopique – que peu de géologues, et *a fortiori* de paléontologues maîtrisent, d'où un phénomène de rejet. L'opinion des géologues ne bascula d'ailleurs de façon sensible que quelques mois après le sondage de 1984, lorsque le chercheur Bruce Bohor publia son étude des quartz choqués dans la couche K/T : comme ces indices relevaient bien plus de la géologie classique que les obscurs taux d'iridium, et qu'ils étaient publiés par un vétéran reconnu des sciences de la Terre, la thèse cosmique s'en trouva passablement renforcée.

On peut se demander pourquoi il fallut attendre si longtemps (quatre ans) entre les premières publications de la thèse cosmique par des géochimistes en 1980 et la découverte des quartz choqués par Bohor. En fait, le chercheur de la *U.S. Geological Survey* avait bien fait une demande de crédits dès 1981 pour partir à la recherche de quartz choqués dans la couche K/T, mais le financement lui fut refusé,

---

11. On retrouve toujours cette distinction dix ans plus tard : en France les volcanistes et les gradualistes reconnaissent depuis 1995 qu'un impact a bien eu lieu à la limite K/T mais ils lui attribuent une influence minime, voire nulle sur la grande extinction.

Une guerre interdisciplinaire 65

Figure 3.4. – Débat sur le terrain : partisan inconditionné de l'école « catastrophiste », le géologue Ken Hsü a été parmi les premiers chercheurs à proposer un impact océanique à la limite K/T. On le voit expliquer le mode d'emplacement d'un banc de grès de trois mètres d'épaisseur tout autour du golfe du Mexique, suite au raz de marée déclenché par l'impact. (Photo de l'auteur.)

tellement l'hostilité à la thèse cosmique était forte chez les bailleurs de fonds. La réponse fut tout aussi négative l'année suivante lorsque le chercheur réitéra sa demande. Pour la petite histoire, c'est à son compte que Bruce Bohor entreprit de chercher les quartz choqués en 1983, sans l'aide d'aucune subvention, et avec le succès que l'on sait.

En paléontologie également l'opposition des dirigeants et des bailleurs de fonds fut vive envers les quelques chercheurs qui voulurent tester l'hypothèse cosmique des Alvarez. Il faut reconnaître que chez les spécialistes des vertébrés – dinosaures et autres animaux supérieurs – l'opposition était quasi unanime. Plus encore que dans les autres domaines de la géologie, le gradualisme était de mise et ne souffrait aucune contestation. Ainsi lorsque le Canadien Dale Russell, l'un des seuls paléontologues de son époque à invoquer une disparition brutale des dinosaures, voulut analyser en 1979 un échantillon de couche K/T qu'il tenait de Nouvelle-Zélande, avec l'intention déclarée de vérifier si ses éléments atomiques trahissaient une brusque variation d'origine cosmique (Russell penchait à cette époque pour l'explosion d'une supernova), l'analyse ne fut pas cautionnée par les laboratoires de son pays sous prétexte que « tout le monde savait que l'extinction des dinosaures avait été graduelle ».

La chute de l'histoire ne manque pas de piquant : lorsque les Alvarez publièrent leurs analyses d'iridium et leur théorie de l'impact cosmique quelques mois plus tard, Dale Russell leur envoya avec enthousiasme son échantillon de Nouvelle-Zélande, puisque, au Canada, personne ne s'empressait de l'analyser. Les Alvarez découvrirent une magnifique anomalie d'iridium dans cet échantillon et publièrent les résultats l'année suivante... à la suite de quoi on fit reproche à Dale Russell de s'être adressé à une équipe étrangère, plutôt qu'aux laboratoires canadiens. Situation ubuesque où le paléontologue ressortit les copies de sa correspondance pour prouver qu'il les avait pourtant sollicités en vain !

En France, l'opposition à la thèse cosmique fut particulièrement prononcée. Nombre de professeurs au Museum d'histoire naturelle croyaient dur comme fer à la disparition progressive des dinosaures (bien qu'Éric Buffetaut et Jean Le Lœuff aient pu mettre en doute ce dogme au cours de leurs fouilles). La position anti-impact s'ancra d'autant plus profondément en France que Vincent Courtillot, à l'Institut de physique du globe, prôna lui aussi des extinctions étalées dans le temps, attribuées comme on l'a vu à des éruptions volcaniques en Inde. Sa position élevée dans la hiérarchie scientifique (il fut conseiller auprès des Premiers ministres Mauroy, Rocard, Beregovoy et Jospin) dissuada certainement nombre de ses collègues de le contredire…

Quoi qu'il en soit, si la science officielle bouda la thèse de l'impact (en dehors des Buffetaut, Rocchia et autre Robin), le public français fut informé des recherches fondamentales en la matière au travers des périodiques les plus libres d'esprit. Et ce n'est véritablement qu'en 1996 – avec au moins trois ans de retard sur le Canada et les États-Unis – que la thèse cosmique fut reconnue en France à sa juste valeur. Aujourd'hui encore, on peut lire que les dinosaures furent massacrés par des éruptions volcaniques, et qu'au terme de cette crise, les survivants furent achevés par un astéroïde attardé…

Tempête sous un crâne

Avec la résolution de l'énigme K/T on a aussi un bel exemple du processus de formulation et de changement d'opinion chez les chercheurs, changement qui peut être graduel ou brutal, paisible ou douloureux[12].

On peut déjà définir certaines prises de position comme étant très rigides. L'historien des sciences William Glen note qu'aucun des chercheurs ayant opté au départ pour l'hypothèse de l'impact comme cause de l'extinction K/T

---

12. On raconte qu'au siècle dernier un géologue écossais, confronté à l'évidence qu'une strate rocheuse avait grimpé sur le dos d'une autre en violation des lois de la gravité, en avait fait des cauchemars jusqu'à en perdre la raison.

n'est jamais revenu sur sa conviction initiale et n'a changé de camp. De même à notre connaissance (en date de 1999) aucun paléontologue spécialiste des vertébrés qui était hostile au départ à leur extinction brutale n'est revenu non plus sur sa position[13]. On peut y voir la puissante influence des paradigmes qui offrent à la pensée scientifique un solide cadre de raisonnement mais qui l'emmurent en rendant peu probable un changement de point de vue.

Les camps catastrophiste et gradualiste retranchés sur leurs positions ont d'ailleurs rarement cherché à se rapprocher par des compromis. Peut-être la vigueur, voire l'âcreté des débats y est pour quelque chose : lorsque l'on défend une thèse pendant plusieurs années et que l'on est sous le feu de la critique, on a tendance à se retrancher sur ses positions quoi qu'il arrive : question de réputation, voire de financement de futures recherches. L'absence de compromis est particulièrement notable entre les impactistes et la minorité – de plus en plus réduite – des volcanistes. Les impactistes auraient ainsi pu admettre que bien que les faits leur donnent raison quant à la signature d'un impact dévastateur à la limite K/T, les éruptions du Deccan auraient pu fragiliser l'écosystème au préalable. Mais la grande majorité des impactistes se refuse à céder même ce point aux volcanistes.

Les indécis, qui furent longtemps les plus nombreux dans la communauté des sciences de la Terre, surent le mieux profiter des débats. Lorsqu'ils se sont forgé une opinion, ils l'ont généralement fait par à-coups, acceptant un point puis un autre avec circonspection. Ces chercheurs ouverts d'esprit ont d'ailleurs apporté une contribution importante à l'étude de la limite K/T, recueillant et interprétant les données de la façon la plus objective possible. Ainsi Robert Rocchia a offert son expertise en matière de mesure d'iridium tant aux

---

13. Une exception pourrait être le paléontologue américain Jack Horner, consultant de *Jurassic Park* et longtemps hostile à l'idée d'une disparition brutale des dinosaures. À une conférence sur les mœurs nécrophages du Tyrannosaure, qu'il donna en 1994 à un public où les partisans de l'impact étaient nombreux, il conclut son exposé par ce trait d'humour : « et si je vous ai convaincus que le Tyrannosaure est un charognard, alors je suis prêt à accepter qu'ils sont morts d'un impact ».

camps volcaniste et gradualiste qu'aux camps catastrophiste et impactiste. Il a aussi largement contribué, avec ses collègues de Gif, à définir des expériences et des recherches qui permettraient de trancher entre les thèses en lice. C'est ainsi qu'en voulant déterminer si le processus de dépôt d'iridium était bien confiné aux quelques millimètres de la couche K/T (l'iridium déborde en effet de part et d'autre de l'argile)[14], Robert Rocchia et Éric Robin préconisèrent de mesurer indépendamment la distribution des cristaux de spinelle. La concentration du spinelle exclusivement dans les quelques millimètres de la couche K/T trancha en faveur d'un événement d'impact bref et vint enrichir le débat.

C'est à l'occasion de cette mesure de la concentration du spinelle que Robert Rocchia se forgea d'ailleurs sa propre opinion : l'anecdote est instructive quant au processus de « déclic » qui intervient à de tels moments. Jusqu'en 1991 le chercheur de Gif penchait plutôt pour la thèse que l'iridium avait commencé à se déposer avant la couche K/T et représentait donc un événement relativement long, compatible avec plusieurs impacts et des extinctions échelonnées dans le temps. Lorsqu'il prit connaissance de la distribution extrêmement ramassée du spinelle dans la couche K/T, qui contredisait son opinion initiale, Robert Rocchia quitta son laboratoire perplexe. Pendant plusieurs heures il tenta de réconcilier les modèles et les données contradictoires qui se bousculaient dans sa tête. À la tombée de la nuit il avait réalisé son virement d'opinion et admis le caractère extrêmement bref de l'événement d'impact : seulement alors put-il s'endormir sur ses deux oreilles[15].

14. On pense aujourd'hui que ce débordement d'iridium est postérieur à son dépôt : il est l'œuvre de la diffusion chimique au cours du temps et du « labourage » des sédiments par des organismes fouisseurs (vers, etc.).
15. La crise intellectuelle (on serait tenté de dire « existentielle ») qui accompagne un revirement d'opinion est souvent bien plus longue : on raconte qu'un géologue américain, qui ne croyait pas que les microsphérules de la couche K/T étaient des tectites d'impact, traversa une sorte d'état de choc lorsqu'il reçut de convaincants spécimens en provenance d'Haïti. Dans les couloirs de son laboratoire, on l'entendit pendant deux jours se répéter à lui-même comme pour s'en convaincre : « Mon Dieu, on dirait vraiment des tectites ! ».

Vers une meilleure communication

Si l'énigme K/T donna lieu à quelques sérieuses empoignades, elle sut aussi rapprocher les chercheurs en stimulant les échanges interdisciplinaires. En une décennie de recherches sur la couche K/T, plus de 2 000 articles scientifiques furent publiés à travers le monde. À cause du nombre de domaines touchés (géologie, chimie, astronomie, biologie), le mystère K/T amena les chercheurs à aborder des disciplines qui leur étaient inconnues et à découvrir leurs styles particuliers de raisonnement et de communication.

En effet chaque discipline a ses règles de conduite et notamment son jargon technico-scientifique. Tout le monde sait que ces jargons créent des barrières et ralentissent la communication entre les chercheurs, confrontés à des mots obscurs comme les *déformations multilamellaires* et les *gigapascals*, les *rapports isotopiques iridium/osmium* et les *datations argon/argon*, sans parler des *abathomphalus mayaroensis* et autres microplanctons du Crétacé. À l'heure de la crise K/T, connaître le vocabulaire et les habitudes de langage et « d'étiquette » des différentes disciplines devint donc indispensable pour comprendre les arguments des uns et des autres et articuler les siens. Walter Alvarez fit ainsi remarquer avec humour que les physiciens se mirent à l'écouter avec beaucoup plus d'attention lorsque, à la place de concentrations d'iridium « cent fois plus grandes » dans la couche K/T, il leur parla de concentrations « deux ordres de grandeur plus élevés ».

En dernier lieu il faut noter le rôle non négligeable qu'ont joué les articles de vulgarisation et les médias en général dans cette tour de Babel de la recherche K/T. Nombre de chercheurs enfermés dans leur discipline n'avaient ni le temps ni parfois les compétences pour prêter attention aux découvertes dans les sciences connexes. Ces chercheurs furent souvent informés des débats en cours – quoique souvent simplifiés à l'extrême et entachés d'inévitables partis

Figure 3.5. – Les médias ont joué un grand rôle dans la résolution de l'énigme « K/T », en couvrant les débats et en permettant un échange de vues entre nombre de disciplines. La renommée des dinosaures et de leur extinction mystérieuse ne fut pas étrangère à cette dynamique de communication. Ici le paléontologue Jan Smit (à droite), grand artisan de la thèse de l'impact, expose ses vues à la télévision mexicaine. (Photo de l'auteur.)

pris – dans des revues généralistes, voire à la radio ou à la télévision. Alors que certains esprits chagrins ont déploré cette « main mise » des médias sur un sujet qu'ils voulaient cloisonner dans leur chasse gardée, la communauté scientifique est sortie mieux informée du battage médiatique qu'a permis l'intérêt du public pour les dinosaures et autres bolides du cosmos.

Chapitre 4
À la recherche du cratère

À la fin des années quatre-vingt, la thèse d'un d'impact cosmique à la limite K/T avait réussi à convaincre une grande partie des géologues, sur la base des indices trouvés dans la couche K/T. Mais il manquait toutefois une confirmation de taille : le cratère lui-même, que l'impact aurait dû creuser quelque part sur Terre.

Les calculs entrepris par l'équipe des Alvarez et confirmés par nombre d'autres spécialistes, basés sur la quantité d'iridium répandue autour de la planète, faisaient état d'un projectile d'une taille d'environ 10 km qui aurait creusé un cratère de 150 à 200 km de diamètre[1]. On s'attendait à ce qu'un tel cratère soit immédiatement reconnaissable : or il n'en était rien.

Cette absence de cratère fut bien sûr soulignée – à juste titre – par les opposants à la thèse cosmique et en particulier par les volcanistes. Comme nous l'avons vu dans le précédent chapitre, eux au moins avaient un suspect concret et palpable, à savoir les trapps volcaniques du Deccan (même si, comme on l'a vu, les indices de la couche K/T n'avaient rien de volcanique). Les volcanistes avaient donc beau jeu de camper sur leurs positions tant que ne serait pas trouvé un cratère d'impact du bon âge et de la bonne taille.

Les partisans de l'impact, quant à eux, étaient bien sûr quelque peu frustrés mais nullement décontenancés par la

---

1. Le rapport du diamètre d'un bolide à celui du cratère résultant est d'environ 1 pour 20.

situation. Les données géochimiques, minéraux choqués et autres spinelles de la couche K/T leur étaient des indices nécessaires et suffisants pour prouver sans l'ombre d'un doute la responsabilité d'un impact, sans que la découverte d'un cratère leur fût indispensable. Ils savaient à quel point la reconnaissance d'un *astroblème*[2] vieux de dizaines de millions d'années pouvait être difficile sur Terre, tant les forces érosives et tectoniques étaient capables de l'effacer au fil du temps. En particulier la probabilité était grande que l'impact ait eu lieu en pleine mer – deux chances sur trois, vu les surfaces respectives des océans et des continents –, et alors le cratère pourrait demeurer introuvable pour deux raisons.

La première était qu'un impact dans l'océan donnerait lieu à des lames de fond et autres reflux gigantesques qui pourraient raboter les remparts de l'astroblème et combler sa cuvette au point de le rendre difficilement reconnaissable ; et en effet aucun cratère d'impact n'avait été découvert sur les fonds marins à l'aube des années quatre-vingt, alors qu'une centaine avaient été recensés sur les continents. Toutefois les spécialistes ne perdaient pas espoir de découvrir des astroblèmes sous-marins à partir du moment où ils disposeraient d'outils appropriés : même si la topographie d'un cratère sous-marin était estompée, on devait trouver des indices géophysiques sur le site de l'impact sous la forme d'anomalies magnétiques et gravimétriques[3].

Mais il y avait une seconde raison à la relative absence d'astroblèmes sous-marins : ils étaient tout simplement escamotés de la surface terrestre au fil du temps par le jeu de la tectonique des plaques. On sait en effet que sur Terre les plaques de lithosphère océanique connaissent un destin bien particulier : créées aux dorsales médio-océaniques par

---

2. On a pris l'habitude d'appeler *astroblèmes* (« chocs d'astres » en grec) les structures d'impact sur Terre car lorsqu'elles sont érodées elles n'ont pas toujours la forme d'un cratère.
3. Que de telles signatures géophysiques n'aient pas encore été rapportées dans les années quatre-vingt était dû en partie à la main mise des militaires sur les données géophysiques sous-marines, dont ils gardaient jalousement le secret pour des raisons stratégiques.

Figure 4.1. – Vue d'artiste d'un astroblème sur la plate-forme continentale : si les remparts sont initialement rabotés par l'érosion, la structure n'en devient pas moins remarquablement protégée à long terme, par ensevelissement progressif sous un linceul de sédiments côtiers. (© William K. Hartmann.)

des courants ascendants de magma, ces plaques se solidifient et s'écartent de leurs rifts d'origine au rythme de quelques centimètres par an. Se déroulant comme des tapis roulants, elles disparaissent en fin de parcours dans des fosses de subduction, où elles s'incurvent et plongent se refondre dans le manteau.

Tout cratère d'impact imprimé sur le fond océanique est donc condamné à disparaître, à brève ou à longue échéance. Au cours des derniers 65 millions d'années, près du tiers de la croûte océanique a ainsi disparu. Un cratère océanique d'âge K/T a donc seulement deux chances sur trois d'être encore présent sur le fond marin à l'heure actuelle.

Des pistes contradictoires

La frustration des chercheurs était d'autant plus grande que la couche K/T offrait peu d'indices quant à la position du cratère-source. L'anomalie d'iridium ne s'intensifiait pas dans une direction donnée : apparemment le nuage de l'impact avait été distribué uniformément à la surface du globe sans trahir son point d'origine. L'épaisseur de la couche K/T semblait bien supérieure de quelques millimètres à la moyenne au pied des montagnes Rocheuses aux États-Unis – et on y trouvait des grains de quartz choqués plus gros qu'ailleurs – mais l'argument était loin d'être convaincant. Certains chercheurs nord-américains y accordèrent néanmoins de l'importance pour postuler que le cratère devait se trouver sur leur territoire ou à proximité immédiate des Amériques.

À défaut de trouver une variation d'épaisseur de la couche K/T, les chercheurs pouvaient se rabattre sur les caractéristiques géochimiques de l'argile pour tenter d'y deviner la nature du terrain pulvérisé par l'impact, une autre façon de localiser la source. Dans l'hypothèse cosmique en effet, le nuage d'ejecta contiendrait 10 % de matière météoritique pulvérisée – responsable des concentrations d'iridium et autres éléments sidérophiles – mais surtout 90 % de « cible » terrestre pulvérisée par l'impact. Les chercheurs étaient donc en droit d'espérer que l'identification de cette composante terrestre indiquerait si le bolide avait frappé dans les basaltes et gabbros de la croûte océanique ou dans les roches plus siliceuses du milieu continental.

Or les premières analyses se révélèrent étrangement contradictoires. D'une part, la composition de certaines microsphérules de la couche K/T semblait indiquer une cible basaltique, suggérant un impact dans les océans. Mais à l'opposé, la découverte de grains de sanidine (une variété de feldspath) et de quartz choqués dans la couche K/T semblait indiquer une source continentale[4].

Comment réconcilier ces observations divergentes ? Trois solutions venaient à l'esprit. On pouvait mettre en doute

---

4. Le quartz est excessivement rare sinon totalement absent des basaltes océaniques, alors qu'il est abondant dans les roches granitiques et les sédiments associés des continents.

l'interprétation basaltique des microsphérules (très altérées) et ne retenir que le témoignage indiscutable des grains de sanidine et de quartz : le cratère serait alors à rechercher en milieu continental. La seconde solution consistait à voir dans le mélange d'indices océaniques et continentaux un impact à la frontière de la croûte continentale et de la croûte océanique, c'est-à-dire sur une plate-forme continentale d'un océan du Crétacé. Cette solution de compromis était séduisante mais avait l'inconvénient d'être fort peu probable – vu la faible surface représentée par ces terrains mixtes à l'échelle du globe.

La troisième solution offrait un compromis encore plus original en postulant une salve de plusieurs impacts simultanés plutôt qu'un impact géant et isolé : certains bolides auraient frappé en milieu continental et d'autres en milieu océanique, créant le mélange minéral observé dans les ejecta[5].

Quelle que fût la solution retenue, il apparaissait qu'un impact au moins avait eu lieu en milieu continental ou sur ses marges, et – plutôt que de le croire perdu en mer – cette conviction redonna espoir aux chercheurs du cratère.

Connaissance des cratères

À défaut de savoir où focaliser exactement leur enquête, les spécialistes savaient quel type de structure rechercher. En une vingtaine d'années depuis les premières études au Meteor Crater de l'Arizona, la petite communauté des géologues planétaires avait amassé une expérience considérable en matière de minéralogie et de structure des cratères d'impact, identifiant chaque année plusieurs nouveaux sites sur Terre.

D'une demi-douzaine de cas confirmés au début des

---

5. Les cristaux de spinelle de la couche K/T embrassent également plusieurs classes de composition chimique, comme l'ont fait remarquer Éric Robin *et al.* dans un article de 1991. Ces variations aussi pouvaient être interprétées comme la marque de plusieurs impacts.

années soixante, la liste des structures d'impact n'avait cessé de s'allonger pour finalement dépasser le cap de la centaine au début des années quatre-vingt. À ces structures terrestres s'ajoutaient les milliers de cratères d'impact sur la Lune qui avaient pu être étudiés sur les photographies des observatoires et des sondes spatiales, et même directement sur place lors des vols Apollo.

Forts de cette expérience, les géologues planétaires connaissaient la structure des astroblèmes et leur mode de formation. En premier lieu un impact crée de façon explosive et quasi instantanée une cavité circulaire, suite à la vaporisation et à l'éjection de roche cible. Ces cavités rappellent parfois les calderas volcaniques, ressemblance d'autant plus trompeuse que tous deux peuvent abriter des roches ignées : les calderas volcaniques renferment par nature des laves et autres produits volcaniques, alors que les structures météoritiques recèlent souvent des « laves d'impact » qui sont des couches de roche cible fondue par l'énergie de la collision.

Au laboratoire toutefois, l'étude approfondie de ces laves permet de reconnaître leur origine : alors que les produits volcaniques sont affiliés au manteau terrestre dont ils sont dérivés par des processus de différenciation bien connus, les laves d'impact ou *impactites* se distinguent par une chimie originale reflétant celle de la croûte superficielle fondue par la déflagration et souvent contaminée par les métaux rares du bolide – nickel, platine, iridium et autres éléments sidérophiles en proportions cosmiques[6].

Hormis les laves d'impact, ce sont les indices de haute pression qui caractérisent le mieux les cratères d'impact, à commencer par les quartz et autres minéraux choqués et

---

6. Les laves d'impact se distinguent également par des températures de formation exceptionnelles : en effet, alors que la genèse des produits volcaniques « classiques » se cantonne à la frontière thermodynamique que constitue le point de fusion des roches (autour de 1 200 °C pour les magmas basaltiques), les impacts engendrent des températures nettement supérieures : souvent plus de 1 500 °C. Ils produisent notamment des globules de silice à l'état vitreux, dont une forme est baptisée *lechatelierite* du nom du géologue français qui la découvrit.

disloqués dans plusieurs plans, ainsi que les structures cristallines de haute pression – *coésite* et surtout *stishovite* – que seuls les impacts cosmiques (et les explosions nucléaires) peuvent engendrer.

Quant aux roches simplement brisées, mélangées et soudées ensemble par la chaleur et la pression, elles constituent toute une gamme de brèches d'impact facilement identifiables, les plus caractéristiques étant les *suévites* qui sont un « pudding » de fragments disparates pris dans une matrice de fonte d'impact.

Cratères simples et cratères complexes

Si un cratère d'impact est identifiable sur la base de ces indices chimiques et minéralogiques, il peut l'être aussi à plus grande échelle au vu de sa structure même, et de celle des strates qui l'entourent.

En effet un impact creuse et transforme les terrains-cible selon une séquence bien particulière. En frappant la surface du sol, à des vitesses de l'ordre de plusieurs kilomètres par seconde, un bolide s'enfonce et propage devant lui une formidable onde de choc qui comprime puis décompresse la roche en l'éjectant au dehors de la cavité naissante. Au centre de cette trombe d'ejecta, le bolide et une fraction de la roche cible sont vaporisés et grimpent vers le ciel en une « boule de feu » qui contient la plus forte proportion d'éléments météoritiques : c'est cette vapeur minérale qui s'étend loin du cratère et rend compte, dans le cas qui nous intéresse, des quelques millimètres de couche K/T répandus uniformément à la surface du globe[7].

Autour de cette trombe centrale, l'onde de choc de l'impact agrandit le cratère en quelques secondes en éjectant radialement une masse de roches fracassées et à moitié fon-

---

7. Ce phénomène de « boule de feu » (*fireball* en anglais), donne lieu à de nombreux modèles et spéculations.

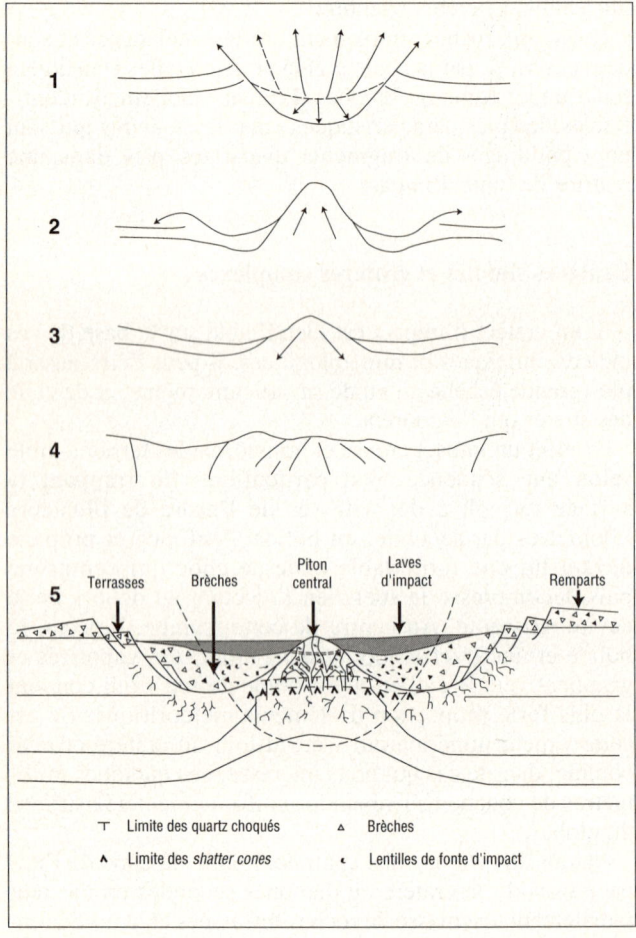

dues qui représente de mille à deux mille fois la masse du projectile. Cette matière constitue l'ejecta proximal du cratère et retombe à sa périphérie pour former une couverture de débris dont l'épaisseur décroît avec la distance au point d'impact. Les simulations au laboratoire montrent que sur Terre la majorité de l'ejecta principal retombe à deux ou trois « rayons » du bord du cratère, freinée par la friction atmosphérique.

À ce stade de sa formation, le cratère vieux de quelques secondes est un bol béant aux parois abruptes et rougeoyantes. On peut les imaginer ruisselantes de fonte ultra-chaude – les fameuses laves d'impact – au milieu d'effondrements titanesques, le cratère s'élargissant et se comblant par des glissements de terrain pour tendre vers un profil stable aux pentes plus douces. La cavité en devient d'autant moins profonde que sur ces éboulements viennent pleuvoir les ejecta retombés du ciel, ensevelissant les mares de magma sous des couches de brèches et autres roches fracassées.

Ainsi en est-il des cratères simples, jusqu'à deux ou trois kilomètres de diamètre. Aux tailles supérieures, même si le processus d'excavation reste essentiellement le même, les réajustements structuraux sont encore plus complexes, comme on peut le voir pour les grands cratères lunaires : les pentes de ces astroblèmes sont découpées en « marches d'escalier » selon des jeux de failles concentriques, comme

◀ **Figure 4.2.** – Formation d'un grand astroblème. Lors des premières secondes de l'impact, la partie supérieure de la cible est éjectée, alors qu'une onde de compression comprime le sous-sol (1). Au cours des minutes suivantes celui-ci connaît un vif rebond élastique (2), qui mène à la formation d'un renflement central (3). Puis la structure fracturée se réajuste par affaissements successifs le long de failles concentriques (4), ce qui donne à l'astroblème sa forme finale en terrasses (5). Le bassin est généralement rempli de brèches et autres indices de fracassement à haute pression, ainsi que de laves d'impact à la chimie particulière. (D'après P. Hodge, Meteorite craters and impact structures of the Earth, 1994, Cambridge University Press, et V.L. Sharpton et R.A.F. Grieve, Geological Society of America Special Paper 247, page 308, 1990.)

Figure 4.3. – Le cratère d'impact Copernic, photographié par les astronautes d'Apollo 17. Ce splendide astroblème, visible depuis la Terre avec une lunette d'amateur, est constitué d'un bassin de 100 km de diamètre et de 3 000 m de profondeur. Les remparts périphériques plongent en terrasses concentriques jusqu'à un plancher rempli de laves. Un pic central s'élève au centre de la structure (photo NASA).

c'est le cas notamment à Copernic, Archimède, Langrenus et autres grands cirques lunaires (voir figure 4.3).

Une seconde caractéristique de ces grands cratères est la présence en leur milieu d'un relief rehaussé appelé *piton central*, monticule que l'on expliqua initialement par la convergence d'éboulis dévalés des pentes. En fait les pitons centraux ont une origine plus complexe : ils seraient l'expression d'un rebond élastique des couches rocheuses profondes comprimées par l'impact puis relaxées dans les minutes suivant le choc. Ce rebond aurait pour conséquence de surélever les roches centrales bien au-delà de leur niveau d'origine, le piton montagneux surgissant en bloc du fond de la cuvette à la façon d'un monte-charge géant.

Cratères simples et cratères complexes

Sur la Lune on observe qu'au-delà d'une centaine de kilomètres de diamètre, les astroblèmes se compliquent encore : à la place du pic central se dresse un plateau annulaire. Quant aux formations supérieures à 200 km de diamètre, leur centre est pratiquement sans relief (apparemment l'énergie de tels impacts rend le secteur central si fluide qu'il ne saurait en soutenir) et ce sont les zones périphériques qui montrent un relief en anneau : on parle alors de bassins annulaires, le nombre d'anneaux montagneux croissant avec la taille du cratère. Sur Terre, en raison de la plus forte gravité qui contrôle les structures, on obtient un piton central dès que les astroblèmes ont une taille de deux à trois kilomètres, et le rehaussement central prend la forme d'un anneau dès la barre des quinze kilomètres : un exemple spectaculaire en est offert par le cratère de Gosses Bluff en Australie (22 km de diamètre) qui a été fortement érodé en raison de son âge avancé (142 millions d'années) mais dont le plateau central large de cinq kilomètres est remarquablement préservé et surplombe le désert environnant (voir figures 4.4 et 4.5). On y mesure un déplacement vertical de trois mille mètres, les roches profondes exposées étant directement recouvertes d'une couche d'ejecta. Cette superposition stratigraphique est parlante dans la mesure où elle signifie que les roches profondes du plateau central ne mirent que quelques minutes pour s'élever, pointant en surface à temps pour recevoir la pluie de débris retombant du ciel. Gosses Bluff est ainsi la preuve de la terrible rapidité avec laquelle la surface terrestre se déforme sous le feu de projectiles cosmiques : non seulement des cuvettes larges de dizaines de kilomètres mais des montagnes hautes de milliers de mètres peuvent se former en l'espace de quelques minutes.

À la lumière de ces exemples on pouvait ainsi dresser un portrait-robot du cratère géant qui serait à l'origine de la couche K/T. Comme on l'a vu, d'après la quantité d'iridium dispersé à travers le monde, le projectile cosmique devait avoir une taille d'environ 10 km, ce qui impliquait – en admettant un rapport de un à vingt entre taille du

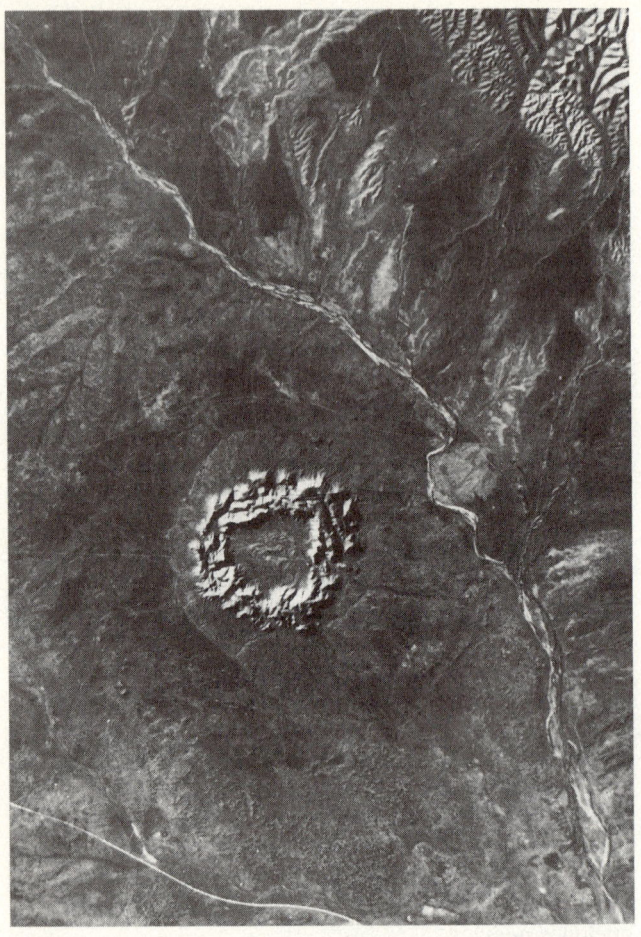

Figure 4.4. – L'astroblème de Gosses Bluff en Australie, photographié par la Navette spatiale. La couronne de relief brillante, large de 5 km, n'est en fait que le plateau de rebond central d'un cratère qui mesure au total 22 km de diamètre : son arène extérieure apparaît sous la forme d'une large ceinture de terrains sombres. L'impact est daté à 142 millions d'années. (NASA, gracieusement communiqué par Richard A.F. Grieve, Commission géologique du Canada.)

Figure 4.5. – Vue aérienne du plateau central de Gosses Bluff. Ce plateau de rebond central (érodé en son centre) provient du soulèvement des roches du socle lors de la dissipation de l'énergie d'impact. Rehaussés de plusieurs kilomètres par rapport à leur niveau de base, ces affleurements crustaux sont tapissés de brèches d'impact (aimablement communiqué par Richard A.F. Grieve, Commission géologique du Canada).

bolide et taille du cratère – un astroblème de près de 200 km de diamètre. D'autres estimations, comme celles basées sur le volume total de l'argile K/T, menaient à des valeurs identiques.

Nul doute qu'un astroblème de cette taille aurait une forme complexe, avec des terrasses descendant en marches d'escalier vers un plancher rempli de brèches et de laves d'impact, avec au centre un anneau de roches rehaussées par le phénomène de rebond, s'étendant jusqu'à plusieurs dizaines de kilomètres du centre.

La liste des candidats

À l'heure où la recherche d'un grand cratère « K/T » commençait à occuper les esprits, au début des années quatre-vingt, deux stratégies étaient permises : on pouvait supposer que le cratère figurait parmi la centaine d'astroblèmes déjà recensés sur Terre, ou qu'au contraire il restait à découvrir – sans perdre de vue qu'à la place d'un grand cratère unique plusieurs petits cratères formés simultanément pouvaient aussi bien faire l'affaire.

La centaine d'astroblèmes reconnus à l'époque ne présentait *a priori* aucun suspect de la bonne taille et du bon âge. Seuls deux cratères avaient le bon ordre de grandeur : Sudbury en Ontario et Vredefort en Afrique du Sud, structures auxquelles on attribuait, à l'époque, 200 et 140 km de diamètre (incidemment, ces tailles viennent d'être revues à la hausse : on pense aujourd'hui que Vredefort mesure 300 km et Sudbury 250 km). Mais ces deux structures, fortement érodées, accusent des âges de près de deux milliards d'années : elles sont trente fois plus anciennes que la crise K/T ! (à l'époque de leurs impacts monstrueux, la vie sur Terre en était encore au stade des algues et autres colonies de cellules vivant à la surface des océans primitifs).

Que des astroblèmes géants comparables à Vredefort et Sudbury n'aient pas été découverts dans des terrains plus jeunes était intéressant en soi : les statistiques astronomiques de cratérisation suggéraient que la Terre aurait dû être touchée par des impacts de cette taille tous les cent millions d'années en moyenne (dont un impact continental tous les trois cent millions d'années). Comme il n'y avait aucune raison de soupçonner une erreur d'estimation dans la statistique des impacts (au contraire, il apparaissait d'après les études lunaires que la fréquence de bombardement cosmique avait légèrement augmenté au cours du dernier milliard d'années), il fallait en conclure que l'absence de structures géantes plus jeunes que 2 milliards d'années était à mettre au crédit d'une dissimulation efficace des astroblèmes par les processus de sédimentation et d'érosion, mais aussi à un certain manque d'empressement et de moyens mis à la disposition des géologues pour les découvrir !

Quoi qu'il en fût, aucun cratère géant ne « crevait l'écran » dans les années quatre-vingt pour se poser en candidat crédible de la couche K/T. Aucun candidat de taille moyenne ne faisait non plus l'affaire : le cratère de Manicouagan au Québec, large de près de 100 km, accusait plus de 200 millions d'années d'âge, ce qui l'acquittait sans aucun doute du massacre du Crétacé, tout comme était acquitté le Puchezh en Russie, large de 80 km et daté à 220 millions d'années.

Quant au seul grand cratère des temps récents, le Popigai en Russie, sa structure était d'une taille intéressante (100 km) mais cette fois-ci trop jeune : daté à 35 millions d'années, l'impact aurait eu lieu en pleine période Oligocène. Nous aurons l'occasion de revenir sur ces cratères d'impact dans le chapitre 7 pour voir si – à défaut de la crise K/T – d'autres extinctions régionales ou mondiales peuvent y être associées.

La fin du Crétacé, elle, restait obstinément vierge de superstructure d'impact. Au moins était-elle associée à une liste de petits astroblèmes que les spécialistes eurent à cœur d'étudier et de dater avec précision pour voir si l'un ou même plusieurs d'entre eux pouvaient coïncider sinon par la taille, du moins par leur âge avec l'événement K/T.

En 1984 le planétologue américain Bevan French se fondait sur la taille des grains de quartz choqués découverts en Amérique du Nord pour proposer deux candidats sur les terres du Nouveau Monde : les cratères de Manson en Iowa, et Sierra Madera au Texas. Si Sierra Madera fut rapidement écarté (outre sa très petite taille – 16 km –, le cratère apparaissait bien antérieur à la crise K/T), Manson dépassait pour sa part 30 km de diamètre et, jusqu'à preuve du contraire, paraissait idéalement situé dans l'espace et dans le temps, creusé qu'il était dans des terrains du Crétacé riches en quartz et à moins de 2 000 km des sites K/T où les plus gros grains choqués avaient été découverts.

Manson, suspect numéro un

Séduisant cratère que ce Manson. Les géologues avaient depuis longtemps noté la structure inhabituelle des strates sous-tendant ce paisible comté de l'Iowa. Cachée sous une couche de dépôts glaciaires épaisse d'une centaine de mètres, la structure avait été circonscrite peu après la Seconde Guerre mondiale par une série de forages : elle s'était révélée large de 35 km et se caractérisait par un bouleversement des strates sédimentaires jusqu'au socle cristallin sous-jacent. Autour de cette anomalie circulaire, un anneau large d'une dizaine de kilomètres supplémentaires montrait une absence totale de strates supérieures, comme si celles-ci avaient été bombées et livrées à l'érosion. Enfin, les mesures géophysiques et les forages montraient qu'au centre de la structure le socle cristallin était rehaussé de plusieurs kilomètres au-dessus de son niveau de base et remontait pratiquement jusqu'à la surface du sol.

Dès 1953 un carottage avait été conduit pour prélever des échantillons de ce rehaussement central tapissé de dépôts glaciaires, et en 1959 le pionnier des astroblèmes, Robert Dietz, visitait les lieux et proposait pour la structure de Manson une origine d'impact, hypothèse confirmée en 1966 par le spécialiste Frank Short, qui y découvrait de magnifiques quartz choqués.

Il s'agissait bien là d'un cratère d'impact à piton central : le renflement cristallin au centre de la formation, large de douze kilomètres, indiquait un rebond d'environ quatre mille mètres du socle comprimé. Quant aux anomalies du champ de gravité mesurées par Allan Holtzman en 1970, elles indiquaient une couronne de brèches d'impact. Le portrait robot du cratère fut affiné quelques temps après par des carottages sur les « ailes » de la formation, révélant des couches de sédiments inversées tête-bêche par la déflagration.

Lorsque les limiers lancés à la recherche du cratère K/T portèrent leur attention sur la structure de Manson au milieu

Figure 4.6. – Les structures d'impact sur Terre (1995). On note leur concentration sur les boucliers continentaux stables qui ont accumulé les impacts sur des centaines de millions d'années, notamment au Canada, en Scandinavie, et en Australie. (Aimablement communiqué par Richard A.F. Grieve, Commission géologique du Canada.)

des années quatre-vingt, ce qui les intéressa le plus fut naturellement son âge. Il avait déjà été noté que tous les sédiments jusqu'à la formation Dakota du Crétacé Supérieur avaient été déformés par l'impact alors que les sédiments postérieurs n'étaient pas affectés : l'impact s'était donc déroulé au Crétacé Supérieur. On attendait de la datation radiochronologique des minéraux une mesure plus précise encore de l'âge du cratère.

Les premières estimations (méthode potassium/argon) conduites en 1986 sur des cristaux de feldspath choqués indiquèrent un âge de 70 millions d'années avec une marge d'erreur de plusieurs millions d'années, une imprécision qui ne permettait guère de tirer des conclusions. Deux ans plus tard, en 1988, des mesures plus précises étaient obtenues avec la nouvelle méthode de l'argon/argon qui s'affirmait rapidement comme l'outil de datation géochimique le plus performant de son époque. Cette fois, les feldspaths choqués du piton central accusaient 65,7 ± 1 millions d'années, une valeur indissociable de l'âge de la couche K/T :

Manson était propulsé au premier rang des suspects et devait tenir la vedette cinq ans durant.

Le candidat russe

Mais Manson n'était pas seul en lice. Tout comme les Américains avaient leur cratère de prédilection en Amérique du Nord, les Russes proposaient leur propre candidat dans la toundra verglacée, en bordure de l'océan Arctique, tout près de l'embouchure de l'Ob : l'astroblème de Kara.

Admirablement dissimulée, la structure du Kara était impossible à déceler sur les photographies satellite. C'étaient ses brèches éparpillées qui avaient retenu l'attention des géologues russes dès le début du siècle, d'abord prises pour des tuffs volcaniques nichés dans quelque caldera géante. Au milieu des années soixante-dix toutefois, les spécialistes soviétiques des impacts passèrent la toundra au peigne fin et y détectèrent les indices caractéristiques d'une collision cosmique : *shatter cones*[8], verres d'impact et quartz choqués. Si le cratère était essentiellement enfoui sous une épaisse couche de dépôts glaciaires, les nombreuses rivières qui drainaient la toundra avaient incisé la structure par endroits pour révéler couches de brèches et laves d'impact. Quant aux mesures géophysiques publiées en 1980, elles indiquaient pour l'astroblème un diamètre de 65 km, avec un piton central enfoui large de 10 km. Dans le bassin, tout autour du piton, les mesures confirmaient une séquence de brèches et de laves d'impact épaisse de mille à deux mille mètres.

Les premières datations radiochronologiques des roches du cratère, entreprises à partir de 1980, indiquèrent un âge avoisinant 60 millions d'années, mais avec une marge d'erreur assez large (± 10 millions d'années). C'était toutefois assez encourageant pour valoir au Kara une place tout en

---

8. Les *shatter cones* sont des figures de déformation en forme de cône qui sont produites dans les roches cibles par des pressions de 50 à 100 gigapascals.

haut de la liste des suspects K/T, à égalité avec le cratère Manson. Cette mise en cause du Kara était confirmée en 1989 par deux nouvelles datations assignant à l'astroblème russe un âge d'environ 66 millions d'années.

Si l'âge du Kara semblait donc concorder avec celui de la crise K/T, la taille du cratère se révélait quant à elle doublement convaincante, car l'astroblème se révéla être en fait un superbe cratère double.

Les cratères doubles, qui résultent de la scission d'un bolide peu avant ou durant son entrée dans l'atmosphère, sont relativement rares sur Terre. L'exemple le plus connu est la paire d'astroblèmes des Clearwater Lakes (ouest et est) au Québec, implantés côte à côte dans le bouclier canadien et larges respectivement de 36 et 26 kilomètres (voir figure 4.7).

Les chercheurs s'étaient aperçus au cours des années soixante-dix que le Kara avait lui aussi cette particularité : la structure principale de 65 km étant flanquée à l'est d'un compagnon dont ils estimèrent d'abord le diamètre à quelque 25 km, mais son étude était rendue difficile par le fait qu'il reposait sous les eaux côtières de la mer de Kara. Négligé pour cette raison, et ne devant son identification qu'à quelques rares laves d'impact exposées sur le rivage, ce cratère jumeau baptisé Ust-Kara connut toutefois un regain d'intérêt lorsque le Kara prit place dans la liste des suspects K/T.

Christian Koeberl et Virgil Shapton notamment, du *Lunar and Planetary Institute* de Houston, eurent l'idée de se pencher sur les données satellite pour tenter de mieux cerner la taille de l'Ust-Kara, se référant non pas à des images (l'Ust-Kara y était indétectable car sous-marin) mais aux mesures gravimétriques obtenues par les satellites Seasat et Geosat : de telles mesures, on le sait, sont capables de révéler la topographie sous-marine par la simple force d'attraction que les masses submergées exercent sur le champ local de la pesanteur terrestre.

Les chercheurs ne furent pas déçus : les profils gravimétriques disponibles au-dessus de la mer de Kara indiquaient

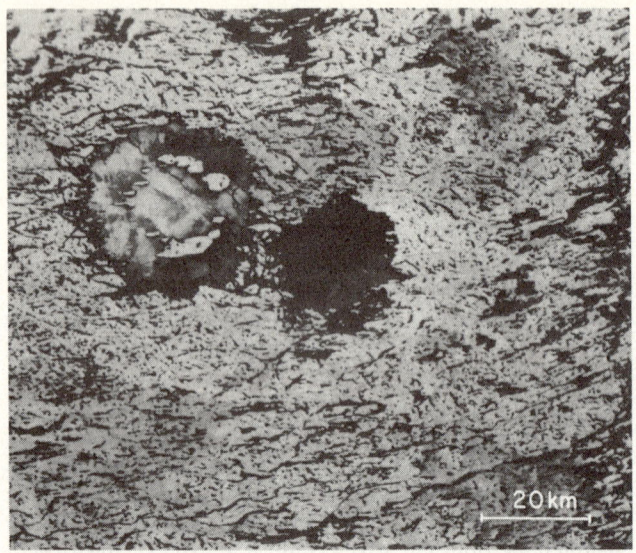

Figure 4.7. – Le double astroblème des Clearwater Lakes (ouest et est), photographié par le satellite Landsat. Le projectile s'est manifestement disloqué avant l'impact, creusant deux cratères jumeaux : Clearwater ouest, large de 36 km, montre un anneau de rebond central ; Clearwater est, large de 26 km, est plus simple. Un halo brillant s'étend dans le bouclier canadien sur plusieurs dizaines de kilomètres tout autour des bassins, traduisant le changement des propriétés structurales des roches ébranlées. L'impact est daté à 290 millions d'années. (NASA.)

une signature assez nette de l'emplacement du cratère submergé, sous la forme de deux maxima du champ de gravité distants de 70 km qu'ils attribuèrent aux remparts de la structure. Si cette interprétation était correcte, alors l'Ust-Kara n'était pas large de 25 km mais bien de 70 km, ce qui le rendrait du coup plus grand que son compagnon à terre. Ensemble, Kara et Ust-Kara représenteraient alors une force d'impact exceptionnelle et leur effet sur la biosphère n'en deviendrait que plus crédible.

Tableau 4.1. – Les principaux astroblèmes de la Terre
(plus de 30 km de diamètre),
par ordre de taille décroissant.
Les âges sont évalués en millions d'années.
Chicxulub, Chesapeake et Morokweng
ne furent identifiés que dans les années quatre-vingt-dix.

Les grands cratères d'impact sur Terre			
Nom	Pays (Lat, Long)	Diamètre (km)	Âge (m.a.)
Vredefort	Afrique du Sud (27°S, 27°E)	300	2023
Sudbury	Ontario, Canada (47°N, 81°W)	250	1850
Chicxulub	Yucatan, Mexique (21°N, 90°W)	180	65
Lake Acraman	Australie	160	580
Manicouagan	Québec, Canada (51°N, 69°W)	100	212
Popigai	Russie (71°N, 111°E)	100	35
Chesapeake	USA (37°N, 76°W)	*85	35
Puchezh-Katunki	Russie (57°N, 44°E)	80	220
Morokweng	Afrique du Sud (26°S, 23°E)	70	145
Kara	Russie (69°N, 65°E)	*65	73
Beaver Head	Montana, USA	60	> 600
Tookoonooka	Australie	55	128
Charlevoix	Québec, Canada (48°N, 70°W)	54	360
Siljan	Suède (61°N, 15°E)	52	368
Kara-Kul	Tadjikistan (39°N, 73°E)	52	< 5
Montagnais	Nouvelle-Écosse (43°N, 64°W)	45	50
Mjølnir	mer de Barents (72°N, 30°E)	40	144
Araguinha Dome	Brésil (17°S, 53°W)	40	247
Saint Martin	Manitoba, Canada (52°N, 99°W)	40	220
Carswell	Saskatch., Canada (58°N, 109°W)	37	117
Manson	Iowa, USA (42°N, 95°W)	35	74
Clearwater Lake	Québec, Canada (56°N, 74°W)	*36	290
Azuara	Espagne (41°N, 1°W)	30	40
Slate Island	Ontario, Canada (49°N, 87°W)	30	< 350

*Astroblème principal d'une paire (multi-impact). Kara est flanqué d'une seconde structure (Üst-Kara) de 25 km de diamètre, tout comme Chesapeake, et Clearwater Lake.

Le verdict de l'argon

Les chasseurs d'impact semblaient tenir avec le Manson de l'Iowa et les frères Kara de Sibérie leurs premiers suspects pour expliquer la crise K/T. Mieux, certains chercheurs envisagèrent même une vaste conspiration cosmique où les astroblèmes de Manson et de Kara découleraient d'un même bolide qui se serait fragmenté à l'approche de la Terre pour l'arroser d'une salve meurtrière.

Ce concept de salve avait déjà été avancé par le Russe Rezanov dès 1980 dans un livre prémonitoire, où il observait que le cratère double de Kara, le cratère de Kamensk en Ukraine (25 km de diamètre et également pressenti d'âge K/T) et un petit cratère en Libye se trouvaient alignés sur un grand arc de cercle long d'une trentaine de degrés. Le même type de scénario fut repris par Virgil Sharpton et Kevin Burke en 1988, qui associèrent à la liste leur grand favori Manson et proposèrent un autre grand cercle reliant les cratères, long cette fois de quatre-vingt degrés. Ce grand cercle passant près du pôle Nord, Sharpton et Burke suggérèrent que d'autres cratères encore pouvaient se cacher au fond de l'océan Arctique sur la « trajectoire », allant jusqu'à proposer un bassin circulaire de 200 km dans les plaines abyssales de Mendeleïev, par 83 degrés de latitude nord et 160 degrés de longitude ouest.

Cette floraison de suspects donnait des ailes aux tenants de la thèse cosmique mais la partie était loin d'être gagnée. En effet, à mesure que les années quatre-vingt touchaient à leur fin, le beau scénario des multiples cratères contemporains de la crise K/T commençait à être sérieusement ébranlé. Les améliorations constantes apportées aux techniques de datation livraient sans cesse de nouveaux âges pour les impacts, valeurs qui commençaient à diverger sérieusement de la limite Crétacé/Tertiaire.

Premier suspect à être écarté dès 1990, le double astroblème du Kara avouait par la méthode argon/argon un âge compris entre 73 et 76 millions d'années, soit dix millions

Le verdict de l'argon

d'années de trop par rapport à la crise K/T. Peu après, le suspect Manson devait lui aussi passer aux aveux avec un résultat similaire : la méthode argon/argon lui conférait un âge de 74 millions d'années avec une précision (± 500 000 ans) ne souffrant pas la moindre discussion. À la grande déception de ses accusateurs, l'astroblème américain était donc lui aussi exonéré de la crise K/T et du massacre des dinosaures[9].

Avec les principaux suspects acquittés, force était de constater que l'astroblème responsable restait entièrement à découvrir, enseveli quelque part sur Terre avec ses secrets...

---

[9]. On aura soin de noter au passage que Kara et Manson ont « maintenant » à peu près le même âge : respectivement 73-76 et 74 millions d'années. Manson est associé à une extinction régionale en Amérique du Nord (voir chapitre 7).

Chapitre 5
La découverte du Chicxulub

À la fin des années quatre-vingt, les chercheurs se trouvaient donc dans une impasse : aucun cratère d'impact connu ne semblait cadrer – ni par son âge ni par sa taille – avec la catastrophe de la fin du Crétacé. Les géologues devaient donc redoubler d'efforts et chercher dans la couche K/T – tant dans les affleurements sur la terre ferme que dans les carottes forées en mer – de nouveaux indices qui pointeraient dans la bonne direction.

En effet la thèse cosmique constituait une base de travail solide en ce qu'elle proposait – comme toute bonne thèse scientifique – des directions de recherche pour poursuivre l'investigation et confirmer ou infirmer l'hypothèse. Ainsi il était évident aux yeux des géologues que dans le cas d'un impact en mer, les rivages les plus proches du point zéro auraient été balayés par d'importants raz de marée : des vagues de plusieurs centaines de mètres de hauteur auraient déferlé sur les côtes, secouant et redéposant les boues et les sables côtiers en couches exceptionnelles témoignant de l'événement.

Les géologues étaient donc à la recherche de tels dépôts : le Néerlandais Jan Smit – toujours lui – attira l'attention dès 1985 sur un affleurement K/T au Texas, en marge du golfe du Mexique. Là, dans les bancs de sédiments mis au jour par l'érosion de la rivière Brazos, une couche de grès inhabituelle apparaissait à la limite Crétacé/Tertiaire, strate que le chercheur attribua à l'action d'un tsunami lié à l'impact.

Les grès de la Brazos River

Cette proposition téméraire fut reprise et étayée d'observations très complètes par l'équipe de Joanne Bourgeois, professeur de sédimentologie à l'université de Washington. Dans son réquisitoire, la géologue décrivit cinq affleurements K/T sur le site de la rivière Brazos, les plus beaux se trouvant dans le lit d'un affluent du joli nom de *Darting Minnow Creek* : « le ruisseau des vairons agiles ».

Bourgeois et ses coauteurs dépeignirent la strate mise à nu par le cours d'eau comme étant un grès à gros grain, épais de plusieurs dizaines de centimètres et truffé de fragments de coquillages, morceaux de bois fossilisés et dents de poissons, ainsi que de blocs d'argile arrachés au fond marin de l'époque (le site de Brazos, d'après les microfossiles identifiés dans les sédiments, reposait par 100 à 200 m de fond à la fin du Crétacé).

La taille des blocs d'argile arrachés (certains mesuraient près d'un mètre) témoignait d'une force érosive conséquente lors de la formation du mélange, correspondant à un courant de fond d'une vitesse d'un mètre par seconde au minimum. Autre détail intéressant, le sommet du banc de grès était recouvert d'une argile à grain plus fin, dont les figures de sédimentation témoignaient d'une forte oscillation du courant dans les deux sens (vers la côte et vers le large) lorsque les particules se déposèrent.

Joanne Bourgeois et ses coauteurs relevèrent ce dernier détail comme témoignant bien d'un tsunami, les oscillations du courant étant dues à la réverbération de leurs longs trains d'ondes sur la plate-forme continentale. L'équipe écarta en outre les deux seules autres explications possibles : courant de turbidité et tempête de bord de côte. En effet les courants de turbidité – écoulements ponctuels d'eaux boueuses sur les pentes sous-marines – auraient laissé dans les sédiments la trace d'un flot uniquement dans le sens de la pente. Or les argiles de Brazos River montraient des rides sédimentaires dans les deux sens, comme on l'a vu. Quant à l'hypothèse d'une tempête côtière, elle ne résistait pas non plus à l'examen : même aux plus fortes énergies envisageables, une tempête ne parviendrait pas à entraîner des blocs d'argile d'un mètre de taille jusqu'à 100 km des côtes et par 200 m de fond.

Joanne Bourgeois et son équipe conclurent donc à un tsunami d'impact, se hasardant même à évaluer l'amplitude de la vague sur le site de Brazos, et en déduire la distance au point d'impact[1] : en basant leurs calculs sur des courants de fond d'au moins un mètre par seconde (comme l'attestait la taille des débris transportés), ils estimèrent que les vagues à Brazos mesuraient plus de 100 m d'amplitude et que la distance au point d'impact était par conséquent inférieure à 5 000 km. De ce fait les chercheurs préconisèrent de rechercher l'astroblème depuis les côtes du golfe du Mexique jusqu'au milieu de l'Atlantique.

Haïti : le filet se resserre

Les bancs de grès de la Brazos River ne devaient pas rester seuls bien longtemps. Un rapport fut publié en 1986 par un géologue polonais, qui soulignait d'épais bancs de grès à la limite K/T dans l'île de Cuba (plusieurs centaines de mètres d'épaisseur par endroits) et suggérait qu'ils étaient dus à l'impact d'un bolide. Mais la diffusion quelque peu confidentielle du rapport et la barrière des langues devaient dissimuler cette information des années durant[2].

Mais c'est surtout à Haïti, où les rapports étaient publiés en langue française et donc beaucoup plus accessibles aux

---

1. On estime qu'un raz de marée déclenché en mer par un impact de grande puissance a une hauteur de vague égale à la profondeur de l'eau au point zéro : un impact en plein océan génère une vague initiale d'environ 5 000 m d'amplitude. Comme la hauteur de l'onde décroît à un rythme régulier à mesure qu'elle s'éloigne de l'origine, l'amplitude d'un tsunami estimé en un lieu donné permet d'évaluer la distance au point d'impact.
2. Ces formations de Cuba sont encore mal comprises. Notons aussi qu'à la fin des années quatre-vingt Bruce Bohor croyait voir une structure d'impact dans la région de Cuba.

chercheurs, que les indices les plus importants devaient être relevés. Un rapport du géologue haïtien Florentin Maurasse décrivait des sédiments inhabituels au sud de l'île, à la limite fini-crétacée. Cette information, qui faisait état d'un épais dépôt « volcanogénique » à la limite K/T, attira l'attention d'un jeune chercheur canadien qui s'était lancé à la recherche du cratère : Alan Hildebrand.

Étudiant en sciences planétaires à l'université de l'Arizona, Alan Hildebrand avait compris que la localisation du cratère passerait par celle de ses bancs d'ejecta. Le Canadien avait commencé par étudier les bancs de grès de la Brazos River avant de se tourner vers Haïti à la lecture du rapport de Maurasse. Après avoir examiné des échantillons en provenance de Haïti, Hildebrand fut vite convaincu qu'il s'agissait là non pas de dépôts volcaniques, mais d'ejecta d'impact, et résolut d'aller étudier cette formation directement sur place dès le printemps suivant (1989), avec son compagnon d'université David Kring.

Parvenus dans le massif de la Selle sur la côte sud de Haïti, les chercheurs découvrirent le banc insolite à flanc de colline, tel qu'il avait été décrit par Maurasse : la strate s'étendait sur une épaisseur d'un demi-mètre, tranchant par sa teinte verdâtre au milieu du brun-jaune des calcaires encaissants. À l'œil nu ils la trouvèrent composée d'une myriade de petites sphérules et autres formes arrondies que prennent les « éclaboussures » de verre fondu projetées dans l'atmosphère (voir figure 5.4).

Hildebrand n'hésita pas un seul instant à qualifier ces sphérules de *tectites*. De retour au laboratoire il était d'autant plus convaincu d'avoir mis la main sur le premier banc d'ejecta du cratère K/T que le banc de sphérules recelait bien des grains de quartz choqué, certains de taille centimétrique – ce qui était plus gros encore que sur le continent nord-américain. Pour parachever le tout, le demi-mètre d'ejecta était nappé d'une fine pellicule d'argile grisâtre de cinq millimètres d'épaisseur, riche en iridium, qui n'était autre que la couche K/T « classique » – provenant comme

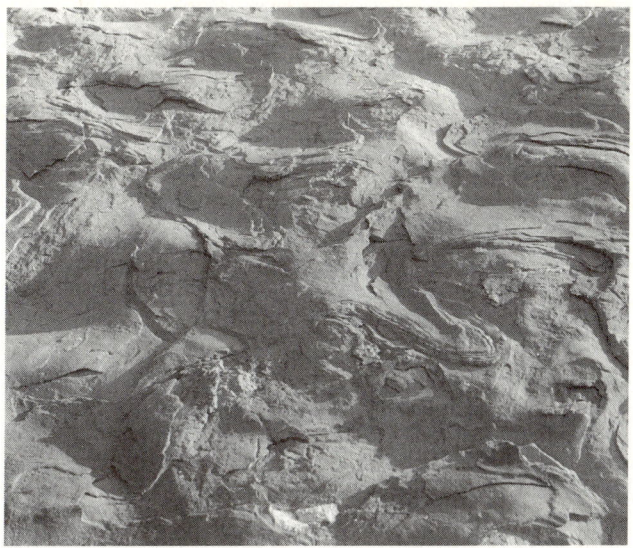

Figure 5.1. – Autour du golfe du Mexique, les affleurements de la couche K/T sont associés à d'insolites figures de sédimentation : attribués à l'action d'un gigantesque tsunami, ces dépôts pointent vers un impact océanique à proximité. Ici sur le site K/T de El Peñon au Mexique, l'oscillation du courant dans les deux sens, symptomatique d'un tsunami, est figé en vaguelettes dans les argiles supérieures de la séquence. (Photo de l'auteur.)

partout ailleurs sur Terre des retombées finales de la poussière d'impact.

L'épais banc d'ejecta à Haïti convainquit Hildebrand qu'il touchait au but : cinquante centimètres de dépôt équivalaient à une distance au cratère-source de 1 000 km environ[3]. C'est donc dans ce rayon qu'il fallait chercher…

---

3. La relation est en effet connue entre épaisseur d'ejecta et distance au cratère-source, basée sur des exemples étudiés (notamment sur la Lune). Pour un cratère d'environ 200 km de taille comme celui postulé pour la couche K/T, 50 cm de dépôt correspondent à une distance de 1 000 km au cratère.

Figure 5.2. – Les couches d'argile supérieures du dépôt tsunami d'El Peñon, vues en coupe. Les lignes croisées matérialisent l'effet oscillatoire du courant qui, en brassant le fond dans deux sens contraires, accumula les sédiments en rides symétriques. (Photo de l'auteur.)

Pleins feux sur les Caraïbes

La région entre les Amériques montrait à la fin du Crétacé une disposition tectonique quelque peu différente de ce qu'elle est aujourd'hui (voir figure 5.5). Les côtes du golfe du Mexique étaient noyées par le haut niveau marin, les eaux s'enfonçant dans les terres jusqu'au pied de la Sierra Madre orientale au Mexique. Le Yucatan, quant à lui, était totalement immergé, sa plate-forme de carbonates reposant sous cent mètres d'eau. Quant aux îles actuelles des grandes Antilles comme Cuba, elles n'existaient pas encore à l'air libre au Crétacé et ne devraient leur surrection au-dessus du niveau de la mer qu'à des jeux de faille nettement postérieurs.

Pleins feux sur les Caraïbes

Figure 5.3. – Le chercheur canadien Alan Hildebrand au travail sur la couche K/T. Un patient travail de limier mena le géologue du Texas à Haïti et finalement au Yucatan, où il découvrit l'astroblème du Chicxulub. (Aimablement communiqué par Alan R. Hildebrand.)

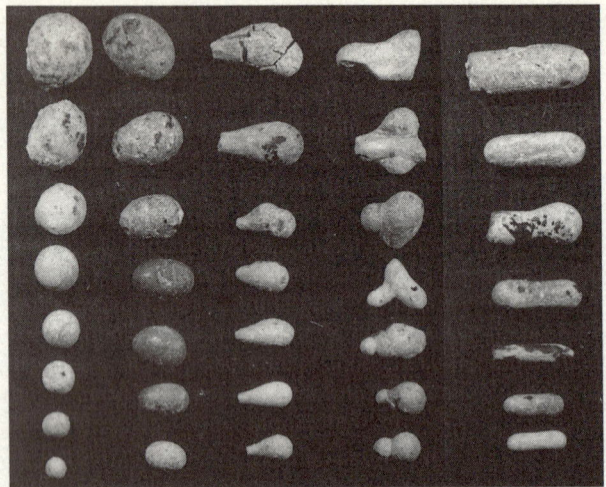

Figure 5.4. – Des tectites – éclaboussures de fonte d'impact – truffent la couche K/T de Haïti qui atteint près de 50 cm d'épaisseur, trahissant la proximité du cratère. Ces « larmes » de fonte, qui mesurent jusqu'à 1 cm de diamètre, ont des formes fuselées par leur vol à l'état semi-fondu à travers l'atmosphère. (Photo Alan R. Hildebrand.)

Les calcaires et les marnes de Haïti, en particulier, se formaient à la fin du Crétacé par 2 000 m de fond comme l'attestent les microfossiles abyssaux des calcaires aujourd'hui exondés. Le site d'Haïti se trouvait de surcroît un bon millier de kilomètres au sud-ouest de son emplacement actuel, en marge d'un plateau océanique submergé – la plaque des Caraïbes.

C'est dans ce décor complexe que Hildebrand se mit à la recherche du cratère d'impact, dans un rayon de 1 000 km autour de la paléoposition de Haïti. En se penchant sur les cartes, le chercheur commença par s'intéresser à une structure énigmatique en périphérie du bassin de Colombie, large de près de 300 km et enfouie sous 2 000 m de sédiments : elle semblait comporter une ébauche de plateau central avec des anomalies magnétiques concentriques. Le chercheur nota également une autre structure dans le nord

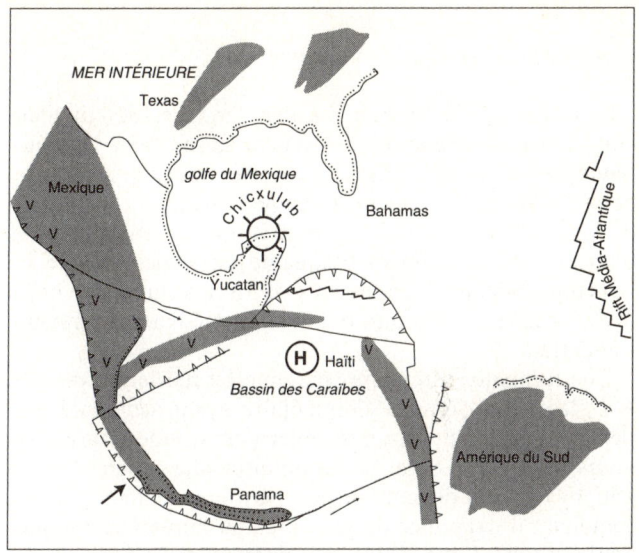

Figure 5.5. – Le golfe du Mexique à la fin du Crétacé. Le niveau marin plus élevé inonde les basses plaines américaines et submerge le Yucatan. À l'est de celui-ci un rift s'est déclaré (trait plein en escalier) qui agrandit le golfe, alors que plus au sud, Haïti (H) et les sections voisines de la plaque Caraïbe glissent vers l'est le long de failles latérales. La future Amérique centrale consiste en cordons volcaniques (v) encerclant la mini-plaque océanique. L'emplacement de l'astroblème du Chicxulub sur la plate-forme du Yucatan est marqué d'un cercle. (Modifié d'après Hildebrand *et al.*, 1991.)

du Yucatan, légèrement en dehors de son secteur préférentiel, mais qui avait été signalée dans les rapports pétroliers. Or, si les recherches allaient innocenter la grande structure du bassin de Colombie – qui n'allait fournir aucun indice d'impact – ce second suspect au nord du Yucatan allait quant à lui faire basculer l'instruction.

Chronique d'un cratère annoncé

La formation du nord du Yucatan, large de 180 km, était connue depuis de nombreuses années au sein de la communauté pétrolière : elle figurait en effet sur le pourtour du golfe du Mexique où avaient lieu de fréquentes campagnes d'exploration. Les études gravimétriques et magnétiques menées dans les années cinquante en avaient révélé la structure annulaire, centrée près de Merida sur la côte nord de la péninsule, structure qui avait immédiatement retenu l'attention.

Une formation circulaire peut en effet receler du pétrole s'il s'agit d'un bassin sédimentaire ayant accumulé des débris de planctons et autres micro-organismes marins au cours des âges. Toute formation circulaire repérée par la géophysique est donc un piège à pétrole potentiel, qu'il est judicieux d'examiner de plus près au moyen de forages exploratoires. Les vérifications permettent de faire la part entre les intéressants bassins sédimentaires – terrains qui se prêtent bien à des concentrations d'hydrocarbures – et les structures de type volcanique qui sont de moindre intérêt commercial.

La structure du Yucatan fut donc sondée par carottage dès la fin des années cinquante tout autour de la ville de Merida. Dans les taillis de la plate-forme yucatèque, les géologues de la Pemex (la société pétrolière nationale) percèrent plusieurs puits de carottage jusqu'à 1500 m de profondeur. La déception fut grande lorsque les carottes rapportèrent à la surface des débris cristallins et vitreux enfouis sous les calcaires, ressemblant fort à des andésites volcaniques. Sur la foi de cette décourageante découverte, les géologues pétroliers classèrent la formation comme étant une ancienne caldera volcanique, sans intérêt pour eux, bien que le consultant Robert Baltosser proposât en 1968 une possible origine d'impact.

En 1978, une nouvelle campagne d'exploration fut menée par la Pemex au Yucatan, y compris des relevés magnétiques recueillis depuis un avion-laboratoire, sous la conduite du consultant américain Glen Penfield. Or à la vue des relevés recueillis au-dessus de la structure « volcanique », le jeune Texan comprit immédiatement qu'il avait affaire à un cratère d'impact enfoui, avec une forte anomalie magnétique centrale, large de 60 km, et un anneau extérieur de magnétisme minimal large de 180 km. La première serait due aux laves d'impact concentrées au centre de la structure, le second aux brèches peu magnétisées emplissant la périphérie du bassin.

En consultant la carte gravimétrique de la région, Penfield trouva une signature tout aussi caractéristique d'un impact, avec un minimum annulaire d'une vingtaine de milligals[4], qui serait causé par la faible densité des roches fracassées, centré autour d'un maximum local représentant le dense soubassement rehaussé du piton central. L'opinion de Penfield était partagée par son employeur de la Pemex, le géologue mexicain Antonio Camargo.

Né au Yucatan à l'emplacement même de la structure enfouie, Antonio Camargo ne pouvait pas rester insensible à la découverte. S'il s'agissait toujours d'une déception du côté pétrolier, un cratère d'impact d'une telle taille n'en constituait pas moins une découverte rarissime et les deux chercheurs entrevirent immédiatement la possibilité qu'il pouvait coïncider avec la crise du Crétacé... à une époque où la thèse des Alvarez sur l'iridium venait tout juste de paraître !

Dès qu'ils obtinrent de la direction de la Pemex l'accord de divulguer leurs données, Penfield et Camargo présentèrent donc à leurs pairs le fruit de leurs réflexions, convaincus que son intérêt scientifique serait apprécié. Ils firent leur communication en octobre 1981 à un symposium sur la recherche

---

4. Une anomalie d'un milligal équivaut à une différence d'accélération d'un centième de millimètre par seconde carré. Les mesures effectuées sont donc d'une très haute sensibilité : une anomalie négative de quelques dizaines de milligalls sur le site du cratère peut s'illustrer par le fait qu'une pomme chutant d'un pommier y mettrait quelque cent-millièmes de seconde de plus à toucher le sol qu'en dehors de la zone d'anomalie.

Figure 5.6. – À la fin des années cinquante, la société pétrolière du Mexique entreprit une série de carottages dans le nord du Yucatan pour explorer une large structure circulaire enfouie dans le sous-sol. Elle fut d'abord identifiée comme une caldera volcanique et tomba dans l'oubli. Ici, les restes de la tête de forage C-1 de 1952, à proximité du petit village de Chicxulub. (Photo de l'auteur.)

Figure 5.7. – Brèches d'impact du Chicxulub, prélevées par carottage 500 m sous la surface du sol au puits Yucatan-2 (situé légèrement hors du périmètre du cratère, sur son versant extérieur). L'échantillon a été recueilli au sein d'une couverture d'ejecta épaisse de 600 m et consistant d'un mélange de fragments de gypse, anhydrite, dolomite et calcite fracassés et mélangés par l'impact. (Photo Glen Penfield, Carson Services Inc.)

pétrolière tenu à Los Angeles, n'hésitant pas à suggérer qu'un tel astroblème de 180 km de diamètre au milieu de terrains sédimentaires de la fin du Crétacé et du début du Tertiaire pouvait être lié à la grande extinction de la limite K/T.

Or cette communication cruciale de Penfield et Camargo fit si peu de remous qu'elle ne sortit pas du cadre très fermé de la profession – le symposium étant destiné aux industriels du pétrole. Seul un journaliste texan présent à la manifestation, Carlos Byars du *Houston Chronicle*, comprit l'importance de la communication et publia un article de vulgarisation sur la question dans le quotidien de Houston, n'hésitant pas à centrer son sujet sur la mort des dinosaures et la responsabilité du cratère du Yucatan.

Que cet article ait échappé à la vigilance des géologues planétaires et des nombreux chercheurs résidant à Houston – fief de la NASA – est extraordinaire : ceci montre à quel point il existe un cloisonnement de l'information entre les différents secteurs de la science. On notera aussi que l'article sortit la veille du jour de l'an, un 31 décembre où les chercheurs avaient peut-être des choses plus distrayantes à faire que de lire les journaux...

Quoi qu'il en soit, la révélation d'une importante structure d'impact au Yucatan – d'un âge apparemment contemporain avec la crise K/T – passa virtuellement inaperçue des spécialistes pendant près de dix ans. Ironie du sort, Walter Alvarez lui-même entendit parler du site, mais comme d'une caldera volcanique : il lui accorda d'autant moins d'attention qu'il savait les carottes de forage indisponibles, voire introuvables.

Toutefois les précieux travaux de Penfield et Camargo refirent surface grâce à la persistance éclairée du journaliste Carlos Byars. Dix ans après son article, le chroniqueur de Houston rencontra en effet Alan Hildebrand à Houston, au détour d'un congrès de géologie planétaire. Découvrant avec surprise qu'Hildebrand et le reste de la communauté « K/T » cherchaient sans succès un cratère d'impact dans la région, alors que l'astroblème du Yucatan était déjà pour lui une affaire ancienne, le journaliste recommanda à Hildebrand de prendre connaissance des travaux de Penfield et Camargo. Ce fut alors que les recherches du Canadien prirent un tournant décisif.

Point zéro : Chicxulub

Alan Hildebrand avait déjà compris, à la seule vue de la carte gravimétrique d'Amérique suspendue dans son couloir, que cette structure du Yucatan avait de bonnes chances d'être un astroblème. Le rapport magnétique de Penfield et Camargo le confortait dans son opinion, comme le feraient plus tard les profils sismiques de la région divulgués par la

Pemex. Mais ce qui convainquit tout à fait Hildebrand, ce furent les fameuses carottes forées dans le nord du Yucatan : si la plupart avaient disparu, il en retrouva finalement de précieuses sections dans les tiroirs d'échantillons de l'université de la Nouvelle-Orléans.

Les échantillons qu'obtint Hildebrand provenaient du forage dénommé « Y-2 », situé en dehors de la structure circulaire, mais qui recoupait sa couche d'ejecta : il s'agissait bien de brèches d'impact, contenant des grains de quartz choqué de plus d'un centimètre de taille. D'autres échantillons du puits « Y-6 », situé à l'intérieur du cratère, lui furent fournis par Antonio Camargo : eux aussi regorgeaient de minéraux choqués.

Hildebrand n'avait pas accès aux échantillons des autres puits de forage, percés plus près du centre de la structure (ils semblaient avoir mystérieusement disparu dans l'incendie d'un entrepôt) mais les rapports écrits des forages faisaient état d'une épaisseur de plusieurs centaines de mètres *au moins* de cette fonte d'impact au fond du puits de carottage « C-1 ». Cela correspondait bien au volume considérable de lave d'impact que l'on s'attendait à trouver dans le bassin central d'un grand astroblème.

Quant à la morphologie générale du cratère, apparemment large de 180 km, elle s'obtenait en interprétant les profils gravimétriques et en reliant « en pointillé » les niveaux des strates décrits dans les rapports des différents puits de forage. Les sédiments d'âge tertiaire notamment, postérieurs à l'impact présumé, montraient qu'ils s'étaient déposés dans une cuvette descendant un bon millier de mètres sous le niveau moyen de la plate-forme du Yucatan : c'était bien la dénivellation que l'on était en droit d'attendre d'un cratère d'impact de 180 km de diamètre[5].

---

5. Les calculs de résistance de matériaux enseignent en effet qu'après avoir mesuré jusqu'à 15 km de profondeur au moment de l'impact, la forme du cratère se serait rapidement réajustée par effondrement des parois et autres glissements de terrain jusqu'à ne plus former qu'un bassin évasé d'un millier de mètres de dénivellation, ce qui correspondait au profil observé.

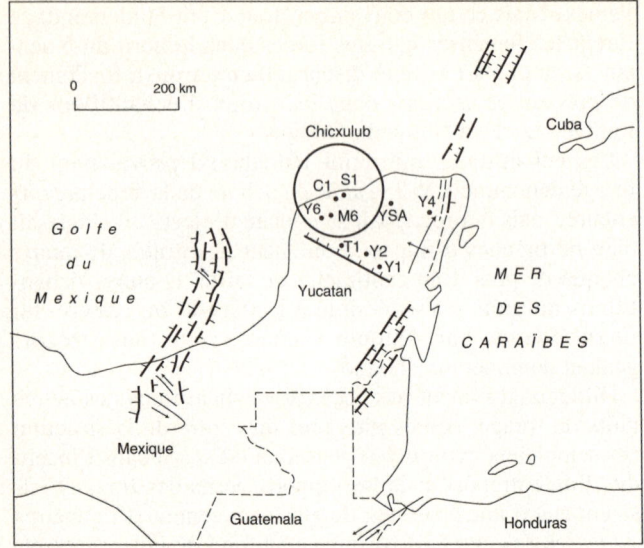

Figure 5.8. – Le cratère du Chicxulub, large de 180 km, poinçonne la côte nord-ouest du Yucatan : son bassin, enseveli sous mille mètres de calcaire, s'étend moitié sous la terre ferme, moitié sous le golfe du Mexique. En surface son contour peut être cerné grâce à des alignements de points d'eau, orientés par des failles souterraines. Les points de forage de la Pemex sont indiqués par leurs symboles (C-1 : Chicxulub-1 ; S-1 : Sacapuc-1 ; Y-1 : Yucatan-1, etc.). (Modifié d'après K.O. Pope *et al.*, 1993.)

En mettant bout à bout toutes ces informations concordantes, Hildebrand se rendait bien compte, dix ans après ses prédécesseurs Penfield et Camargo, qu'il avait mis la main sur un remarquable cratère d'impact. Mais en persuader les « autorités » scientifiques était une tout autre histoire, comme il allait l'apprendre à ses dépens.

Jeune thésard, Hildebrand se heurta en effet à la résistance des spécialistes américains qui avaient jeté leur dévolu – et engagé leur réputation – sur la petite structure d'impact de Manson en Iowa (en 1990 ils ne savaient pas encore que Manson était trop âgé de huit millions d'années) : ces vétérans voyaient d'un mauvais œil qu'un jeune étudiant – canadien de surcroît – détourne l'attention de leurs propres travaux. Si Hildebrand parvint à publier une première note de synthèse sur le cratère yucatèque dans la revue scientifique *EOS*, il eut beaucoup plus de mal à faire paraître son article de fond sur la question, article pourtant co-écrit avec son directeur de thèse William Boynton, les codécouvreurs originaux du cratère Penfield et Camargo, le géophysicien Mark Pilkington et le géochimiste David Kring.

Vu le sérieux des travaux et de leurs auteurs, ce rapport aurait dû être publié dans *Nature*, revue prestigieuse à laquelle il fut soumis en mai 1990. Or pour être accepté, un article proposé à un magazine scientifique du calibre de *Nature* doit passer par le vote d'un comité de lecture, composé de trois spécialistes du domaine concerné. Par malchance pour Hildebrand, il se trouva qu'un membre influent du comité de lecture n'avait guère de sympathie pour cette hypothèse du cratère mexicain, qui faisait de l'ombre à ses propres recherches sur la question. Par voie de conséquence, l'article de Hildebrand *et al.* fut refusé pour publication, par deux voix contre une.

Sans se démonter, Hildebrand proposa son article à l'excellente revue américaine des sciences de la Terre *Geology*. Par une ironie du sort, le même chercheur influent avait été sollicité là aussi pour avis, et apposa une nouvelle fois sa désapprobation en comité de lecture. Cette fois-ci toutefois, il fut mis en minorité par ses deux colecteurs – impressionnés à juste titre par la qualité de l'article et l'importance de son contenu.

Le rapport de Hildebrand *et al.* fut publié en septembre 1991 dans *Geology*, et le petit monde des sciences de la Terre vint à découvrir avec surprise un nouveau cratère d'impact – peut-être le plus grand du monde – du curieux nom de Chicxulub (prononcer : *chic-chou-loube*). Le nom fut choisi par référence à un petit port de pêche au nord-est de Merida, Puerto Chicxulub, qui est situé virtuellement au point zéro de l'impact. Un peu à l'intérieur des terres, l'un des puits exploratoires de la Pemex porte d'ailleurs la dénomination Chicxulub-1 ou « C-1 ». La signification allégorique de ce nom propre ne fut pas étrangère non plus à sa sélection : en langue maya, Chicxulub signifie en effet « la queue du diable »…

Les satellites à la rescousse

Dès la parution des articles de *EOS* et de *Geology*, les événements se précipitèrent. Dans un rapport publié dans *Nature*, les spécialistes en télédétection Kevin Pope, Adriana Ocampo et Charles Duller confirmèrent la présence de la structure circulaire sur la foi d'images satellite.

Une analyse minutieuse des images Landsat révélait en effet une intéressante anomalie tectonique à l'emplacement du cratère enfoui : les nombreuses petites failles entrecroisées qui constituaient la structure normale du sol yucatèque s'interrompaient brutalement le long d'une frontière curviligne traversant la campagne au sud de Merida. D'après les chercheurs cet arc de cercle devait correspondre au rempart du cratère enfoui, qui exercerait son influence jusqu'en surface pour constituer une véritable barrière structurale, protégeant la zone interne au cratère des contraintes tectoniques venues de l'extérieur.

Sur les photos satellite ce mur structural semblait également influencer l'environnement hydrogéologique. En effet, si le nord du Yucatan n'affiche aucune rivière notable (tant ses couches perméables absorbent l'eau de pluie), l'activité n'en est pas moins intense en profondeur, les eaux d'infiltration s'écoulant de façon souterraine vers le golfe. Très plat en apparence, le Yucatan affiche une légère déclivité vers le nord que suit la nappe phréatique. Cet écoulement ronge progressivement les strates empruntées par les eaux, la surface du sol s'effondrant de-ci, de-là pour former des entonnoirs et autres structures de sapage caractéristiques des paysages calcaires.

Ces effondrements circulaires, abritant de petits étangs d'eau douce, sont bien connus des habitants du Yucatan qui leur ont donné le nom de *cenotes*[6]. Larges en moyenne d'une centaine de mètres et profonds de plusieurs dizaines, les *cenotes* constituaient d'importants réservoirs d'eau potable pour les Mayas et les Toltèques. Les plus remarquables avaient même été élevés au rang de puits sacrés, comme le célèbre *cenote* du site archéologique de Chichen-Itza, qui fut le lieu de sacrifices humains.

Or les images satellite révélèrent que ces étangs pouvaient servir de marqueurs en surface pour délimiter les grandes failles enterrées du cratère. En effet une ceinture de *cenotes* se dessinait le long de la frontière structurale déjà notée, comme si la juxtaposition de terrains de perméabilités différentes sur le plan de faille avait barré passage aux eaux phréatiques et les avaient infléchies vers la surface. Difficile à visualiser sur le terrain (de nombreux *cenotes* étaient perdus dans les taillis), cet alignement d'étangs étincelants sautait aux yeux sur les photos aériennes et les images satellite, surtout au sud-ouest de Merida. Contenue dans une bande d'à peine trois kilomètres de large, la concentration de *cenotes* y atteignait trois plans d'eau au kilomètre carré.

Là où ils intersectent la côte pour se prolonger sous la mer, les *cenotes* sont repérables en surface sous forme de bouillons d'eau douce auxquels les pêcheurs ont donné le nom de *Ojos de agua* (yeux aquatiques), en vertu de la lentille claire bullant en surface. Les *cenotes* sous-marins sont également visibles par leurs contrastes de température sur les images infrarouges prises par satellite.

Kevin Pope et ses coauteurs interprétaient tout ce contrôle structural en surface comme une preuve supplémentaire que le Chicxulub était bien un cratère d'impact. Une caldera volcanique aurait connu un arrangement tectonique bien différent, avec beaucoup plus de failles à l'intérieur de la ligne des remparts qu'à l'extérieur, en raison des

---

6. On trouve de telles structures de dissolution dans la plupart des paysages calcaires, comme dans les Causses du Massif central français où on les appelle des *dolines*.

Figure 5.9. – La plate-forme calcaire du Yucatan est trouée d'entonnoirs d'effondrement, appelés *cenotes*, qui ont de tous temps constitué des points d'eau potable et des lieux de baignade pour les Mayas (ici le *cenote* Xlacah, profond de 40 m, près des ruines du temple maya de Dzibilchaltun). Autour de la ville de Merida, les *cenotes* sont concentrés en une ceinture semi-circulaire qui trahit en surface les failles enfouies du cratère. (Photo de l'auteur.)

mouvements de subsidence qui affectent à long terme le centre d'une caldera. Seul un cratère d'impact pouvait donner lieu à un comportement structural inverse.

Été 92 : le verdict des chiffres

S'il ne faisait plus aucun doute aux yeux des spécialistes que le Chicxulub était un cratère d'impact – et le plus grand découvert sur Terre après Vredefort et Sudbury –, prouver formellement qu'il était contemporain et source de la couche K/T était loin d'être évident. Enfouie sous plus de mille mètres de calcaires, la structure ne se prêtait pas à une

« visite » directe des géologues. À moins de nouveaux forages dans le nord du Yucatan – fort improbables car extrêmement coûteux et de peu d'intérêt pour les compagnies pétrolières – les chercheurs étaient limités dans leurs études aux quelques carottes des années cinquante et soixante-dix[7] pour établir une relation chimique et temporelle du Chicxulub avec les ejecta de la limite K/T.

Hildebrand et ses partenaires avaient lancé l'enquête en publiant dans leur article de 1991 l'analyse d'une lave de la carotte Y-6 (Yucatan-6), l'identifiant formellement comme une fonte d'impact. Deux des coauteurs du rapport, David Kring et William Boynton, continuèrent sur leur lancée en dressant une comparaison chimique entre les laves d'impact de ce puits Y-6 et les ejecta d'Haïti à mille kilomètres du Yucatan. Comme ces tectites d'Haïti étaient à la limite K/T (ils étaient directement recouverts par la couche d'argile à iridium), établir leur équivalence chimique et temporelle avec les impactites du Chicxulub identifierait l'astroblème yucatèque comme étant bien leur source, et donc comme étant la cause de la grande crise K/T.

Dans une lettre à *Nature* publiée en juillet 1992, Kring et Boynton comparèrent donc la composition des laves d'impact[8] de la carotte Y-6 avec celle des sphérules de Haïti. Ils trouvèrent bien une étroite correspondance : tant les roches ignées du Chicxulub que les sphérules haïtiennes montraient une haute teneur en calcium et en soufre[9]. Restait à prouver la concordance temporelle. On pouvait en effet toujours arguer que les chimies similaires relevaient d'une simple coïncidence et que « laves » du Yucatan et sphérules

---

7. Les carottes du Yucatan ont donné lieu à toutes sortes de rumeurs. Le peu d'échantillons disponible fut l'objet apparemment d'une grande convoitise, et des fausses informations circulaient, comme celle que la plupart des carottes avaient disparu dans un feu d'entrepôt (« mythe » qui ne fut démenti qu'en 1994).
8. Kring et Boynton soulignèrent à nouveau qu'il s'agissait bien de laves d'impact : ces roches cristallines ne se rapprochaient d'aucune suite volcanique connue sur Terre (ni tholéiitique ni calco-alcaline).
9. Cette composition inhabituelle était due à la forte proportion de carbonates et de sulfates dans la roche cible fondue par l'impact.

d'Haïti n'en étaient pas moins séparées dans le temps, sans origine commune.

Pour trancher la question, seule une datation rigoureuse par radiochronologie permettrait de lever le doute : si les laves d'impact du Chicxulub et les sphérules de la couche K/T à Haïti affichaient rigoureusement le même âge, alors cette coïncidence temporelle s'ajoutant à la coïncidence chimique impliquerait définitivement le Chicxulub dans la catastrophe K/T.

Dater avec précision des roches vieilles de dizaines de millions d'années n'est toutefois pas une affaire simple. La technique en usage consiste à mesurer dans un échantillon rocheux la proportion de certains atomes, dont on sait qu'ils se désintègrent à un rythme donné. Une équation reliant quantité initiale de produit radioactif dans la roche lors de sa création, quantité mesurée aujourd'hui, et rythme connu de la désintégration permet de déduire le quatrième paramètre recherché, c'est-à-dire l'âge de l'échantillon[10].

Ce fut d'abord Glen Izett – le spécialiste des quartz choqués – qui s'appliqua en 1992 à dater des globules de verre d'ejecta en bon état, recouvrés dans la couche K/T d'Haïti : la nouvelle méthode argon/argon en dégagea une mesure d'âge de 65,06 millions d'années, à 180 000 ans près.

Restait à confronter cet âge avec celui des laves d'impact du Chicxulub lui-même. Leur datation fut entreprise la même année par une équipe de douze chercheurs sous la direction de Carl Swisher, expert de la datation argon/argon au laboratoire IHO de Berkeley. Son expertise avait été sollicitée par des spécialistes de l'énigme K/T parmi lesquels on relève les noms d'Alessandro Montanari, de l'inévitable Hollandais Jan Smit, du Belge Philippe Claeys, du cofondateur de la thèse cosmique Walter Alvarez ainsi que des spé-

---

10. Simple en théorie, cette méthode de la radiochronologie est toutefois difficile à mettre en pratique avec un haut degré de précision car les quantités à mesurer sont infimes et sujettes à des erreurs d'échantillonnage. Mais avec la méthode dite du argon-argon (Ar/Ar), l'imprécision n'est que de 0,5 %, voire 0,1 % dans les meilleurs cas, ce qui correspond alors à une erreur de 65 000 ans seulement pour un âge de l'ordre de 65 millions d'années.

cialistes mexicains José Grajales-Nishimura et Esteban Cedillo-Pardo.

Les spécialistes de la datation passèrent au crible les carottes en leur possession et jetèrent leur dévolu sur des globules de verre chimiquement étanches de la carotte C-1, où l'argon de la désintégration radioactive avait été suffisamment bien préservé. L'argon récupéré à partir de trois échantillons différents fournit par calcul trois évaluations séparées de l'âge de formation du cratère : 64,94 ±0,11 ; 64,97 ±0,07 et 65,00 ±0,08 millions d'années. La moyenne de ces trois valeurs rigoureusement convergentes donnait au Chicxulub un âge « officiel » de 64,98 ±0,05 millions d'années.

Cet âge de 64,98 ±0,05 millions d'années pour le cratère concordait parfaitement avec l'âge des ejecta d'Haïti, fixé par Izett à 65,06 ±0,18 millions d'années, la première valeur avec ses barres d'erreur étant tout entière incluse dans l'enveloppe de la seconde. Cette correspondance temporelle fut confirmée par de nouvelles mesures d'âge pour les ejecta d'Haïti, obtenues cette fois par l'équipe de Carl Swisher dans le même laboratoire que pour les carottes du Chicxulub, ce qui diminuait les décalages de calibration et de méthodes entre laboratoires : la nouvelle estimation de 65,01 ±0,08 millions d'années pour les ejecta d'Haïti « collait » encore plus fidèlement à l'âge du cratère, au point que les deux valeurs se retrouvaient strictement indissociables.

Les réactions

Avec la publication en août 1992 dans la revue *Science* de ces datations concordantes la communauté scientifique reçut un nouvel électrochoc. Ce cratère d'impact du Yucatan, qu'Hildebrand et ses codécouvreurs avaient eu tant de mal à introduire sur la scène, devenait du jour au lendemain une vedette planétaire.

Les chercheurs qui défendaient jusqu'alors d'autres « candidats cratères », comme Manson en Iowa, furent dès lors convaincus. Virgil Sharpton en premier, ténor du *Lunar and Planetary Institute de Houston*, s'exclama qu'on tenait enfin là le « revolver encore chaud et fumant » de la crise K/T.

L'identification du cratère fut confirmée par une preuve tout à fait indépendante. Bruce Bohor de la U.S. Geological Survey, de pair avec Thomas Krogh et Sandra Kamo de la Royal Ontario Museum, s'étaient penchés sur les grains de zircon présents dans la couche K/T, minéraux choqués provenant – tout comme les quartz – du site de l'impact.

Les zircons se prêtent particulièrement bien aux mesures de datation : or, ceux de la couche K/T portaient la trace de deux événements superposés. D'une part, on y trouvait la trace du choc thermique dû à l'impact, événement daté – comme on était en droit de s'y attendre – à 65 millions d'années. D'autre part, un âge plus ancien, d'une valeur de 545 millions d'années, se dégageait aussi de l'analyse : il était censé représenter l'âge de création des zircons, c'est-à-dire l'âge de la couche rocheuse frappée par l'impact. Or il se trouve que le socle granitique du Yucatan est justement âgé de 500 à 600 millions d'années. Sur la foi de cet âge concordant, le Yucatan était donc confirmé comme étant la source des zircons et autres débris de la couche K/T…

Il n'y eut en fait qu'une très faible minorité de savants à s'opposer encore à l'évidence. Une dernière levée de boucliers eut bien lieu chez les volcanistes, sous la forme d'une lettre au journal *Geology* publiée en janvier 1994, cosignée par les volcanistes de Dartmouth John Lyons et Charles Officer et par un consultant américain de la Pemex présent lors des forages des années soixante : Arthur Meyerhoff. Meyerhoff réitéra ses interprétations de l'époque, à savoir que les roches ignées au fond du puits étaient des laves volcaniques, séparées par des « strates » de calcaire et représentant donc une série d'éruptions échelonnées dans le temps. Les auteurs mirent l'accent sur le fait que ces épisodes « volcaniques » affichaient une grande variabilité chimique, ce qui contrastait avec « l'homogénéité » des laves d'impact qui ne variaient jamais autant, selon leurs dires, de composition. Quant aux minéraux choqués présents dans les brèches, les auteurs persistaient à en parler comme de déformations volcaniques.

Cette interprétation ne faisait que réaffirmer une méconnaissance des structures d'impact et de leur minéralogie. La soi-disant interstratification de couches « volcaniques et sédimentaires » n'était que l'expression de l'infiltration et des chevauchements du bord du lac de fonte dans les brèches et les sédiments, et non la preuve d'« éruptions » répétées. Quant à la variabilité chimique des laves, elle n'excluait nullement une origine d'impact : les spécialistes savent bien que les grands astroblèmes ont des lacs et des lentilles de fonte complexes, à cause de la variété de roches cibles « digérées » et imparfaitement mélangées. C'est le cas en particulier à l'astroblème géant de Sudbury, et le Chicxulub s'inscrit dans cette catégorie. Même méconnaissance des volcanistes (on l'a assez dit) pour ce qui est des quartz choqués : les cristaux des carottes affichent une dislocation en plusieurs plans, symptomatique des pressions d'impact et incompatible avec les faibles pressions des éruptions volcaniques.

La dernière réaction des volcanistes tomba donc à plat : nombre de chercheurs furent d'ailleurs étonnés qu'une revue scientifique aussi sérieuse que *Geology* l'ait publiée[11]. En fait, la signature cosmique du Chicxulub et de son banc d'ejecta était devenue tellement convaincante que lors d'un symposium tenu à Houston en mars 1994, rassemblant plus de deux cents spécialistes du monde entier (y compris d'anciens détracteurs de la thèse cosmique), Walter Alvarez fit la remarque en fin de session que pas une seule voix ne s'était élevée officiellement durant les trois jours de débats pour mettre en doute l'origine cosmique et l'âge K/T du Chicxulub.

À l'assaut du Chicxulub

Pour les connaisseurs des astroblèmes, le Chicxulub constituait une remarquable aubaine. Non seulement le cra-

---

11. La revue *Geology* avait toutefois pris la précaution de présenter la communication de Meyerhoff *et al.* comme une « opinion », et non comme un article de recherche au sens strict.

tère de la crise K/T était découvert, non seulement il s'avérait comme prévu être la plus grande structure du genre découvert sur Terre (à égalité avec le Sudbury), mais il présentait en outre l'avantage d'être remarquablement préservé.

La plupart des astroblèmes continentaux sont livrés à l'érosion dès leur formation et perdent en quelques millions d'années leur forme originale. Parce que son impact eut lieu sur une plate-forme immergée, le Chicxulub se trouva au contraire rapidement enseveli sous un linceul de sédiments côtiers. Protégée par sa chape de calcaire, la formation pouvait résister à l'assaut du temps, d'autant plus que la plate-forme du Yucatan ne devait pas connaître de déformation tectonique majeure au cours du Tertiaire.

Le revers de la médaille tenait dans la difficulté d'accès au cratère, enterré sous un millier de mètres de sédiments. Les relevés géophysiques et les forages de la Pemex constituaient des données d'autant plus importantes qu'elles étaient quasiment uniques ; quant à la mise en œuvre de nouveaux programmes d'exploration, elle dépendrait du bon vouloir de Mexico et de la Pemex.

Virgil Sharpton et son équipe du *Lunar and Planetary Institute* étaient idéalement placés à Houston pour tisser des liens étroits avec les autorités mexicaines et entreprendre avec elles des programmes de coopération. Ils purent ainsi retrouver des carottes des puits Y-6 et C-1 et rapportèrent de nouvelles analyses en 1993 : l'éventail chimique des laves d'impact, de tendance andésitique à dacitique, y était expliqué comme relevant d'un mélange de sédiments et de roches crustales en proportions variées[12].

Du côté du métamorphisme de choc, Sharpton et son équipe relevèrent que le tiers de tous les minéraux présents

---

12. Des fragments de ces roches cibles apparaissent au milieu de la matrice de fonte, exhibant des auréoles symptomatiques d'une « digestion » thermique inachevée des sédiments (les lentilles de magma les plus fines du bord du lac de lave s'étant refroidies avant de pouvoir assimiler totalement les blocs qu'elles infiltraient).

À l'assaut du Chicxulub

Figure 5.10. – Accueilli d'abord avec circonspection, le cratère du Chicxulub ne fut véritablement reconnu comme le grand coupable de la crise K/T qu'à partir de 1993. On voit ici Walter Alvarez (à gauche) – coauteur de l'hypothèse cosmique – en grande conversation avec deux des codécouvreurs du cratère : l'américain Glen Penfield (au centre) et le mexicain Antonio Camargo (à droite). (Photo de l'auteur.)

dans les brèches étaient choqués, notamment les abondants quartz et feldspaths : par comparaison avec les études au laboratoire, ils se divisaient en deux familles, l'une correspondant à des pressions de 6 à 10 GPa (gigapascals) et l'autre à des pressions de près de 20 GPa. Non seulement ces pressions ne pouvaient être imputables qu'à un impact, mais la présence de deux familles différentes indiquait dans les brèches un mélange de deux composantes d'ejecta provenant de distances différentes du point zéro.

De hautes valeurs d'iridium furent, d'autre part, relevées dans certaines fontes d'impact, quoique variables d'un échantillon à l'autre (certains échantillons en étaient même totalement dépourvus)[13]. La plus forte proportion d'iridium fut mesurée dans les fragments de la brèche Y-6 : 13,5 ±0,9 ppb. Elle suggérait une proportion de 1% de matériau météoritique dans la fonte, rapport tout à fait habituel dans les impactites d'astroblème. Outre l'iridium, l'Autrichien Christian Koeberl trouva en 1994 une autre signature probante dans les carottes du Chicxulub, sous la forme d'une concentration en osmium et d'un rapport isotopique $^{187}Os/^{188}Os$ tout à fait symptomatique d'une composante météoritique.

Parallèlement à l'étude du cratère lui-même, il faut ajouter que l'exploration de bancs d'ejecta tout autour du golfe du Mexique continuait à confirmer la position de la source à l'emplacement du Chicxulub. Une étude de Walter Alvarez, Jan Smit, Alan Hildebrand *et al.* avait dès 1992 ajouté à la liste des couches d'ejecta connues deux sites de forage sous-marin entre la Floride et le Yucatan, à seulement 500 km de l'arène du cratère. Ces carottes sous-marines avaient révélé une couche de grès de deux à trois mètres d'épaisseur (avec quartz choqués, sphérules et touche finale d'iridium), reposant sur une cinquantaine de mètres d'argile pleine de gravier : le grès représentait à leurs yeux l'ejecta, et l'argile les glissements de terrain sous-marins ayant accompagné le choc et le tsunami de l'impact.

Plus spectaculaire encore fut la découverte par Jan Smit, Alessandro Montanari, Walter Alvarez et leurs collègues mexicains, cette fois-ci à pied sec, de bancs d'ejecta et de traces de bouleversement de type tsunami dans les affleurements K/T des provinces de Tamaulipas et Nuevo León au nord-est du Mexique[14]. Dans ces sites aujourd'hui soulevés et décapés par l'érosion, un banc de grès de trois mètres d'épaisseur apparaît systématiquement à la limite

---

13. Cette variation de l'iridium pouvait s'expliquer dans la mesure où différents secteurs du bain de magma avaient dû hériter de proportions différentes du projectile cosmique.
14. Walter Alvarez raconte cette découverte, et bien d'autres péripéties entourant l'élaboration de « sa » thèse cosmique, dans son livre *La Fin tragique des dinosaures* (éditions Hachette, 1998).

K/T, composé d'un banc de sphérules de cinquante centimètres d'épaisseur à la base, riche en quartz choqués et représentant la couche d'ejecta ; un banc massif de grès contenant une multitude de débris côtiers (dents de poisson, débris végétaux) sans doute drainés du plateau continental par le reflux d'une vague géante ; et au sommet une argile riche en iridium, avec les rides marquantes dues aux dernières oscillations du courant mourant (voir figures 5.1 et 5.2).

S'ajoutant aux premiers bancs d'ejecta et de tsunami découverts au Texas (Brazos River) et à Haïti (Beloc), ces nouveaux sites ne firent que renforcer par triangulation la localisation du cratère-source au nord-ouest du Yucatan, c'est-à-dire à l'emplacement exact du Chicxulub.

Structure du cratère

Dès leur thèse initiale de 1980, l'épaisseur de la couche K/T à travers le monde et son taux d'iridium avaient conduit Alvarez père et fils à postuler un cratère de 150 à 200 km de taille. Le Chicxulub constituait une remarquable réponse à la prévision puisque ses empreintes gravimétriques, magnétiques et sismiques annonçaient un diamètre d'environ 180 km.

En 1992, afin de dresser un portrait plus précis du cratère, Alan Hildebrand et le géophysicien Mark Pilkington firent la synthèse des empreintes gravimétriques et magnétiques de la structure (sur la base de documents préexistants et de nouvelles mesures effectuées par leurs soins) ; de deux profils sismiques relevés par la Pemex ; et des informations lithologiques et stratigraphiques offertes par les trois forages C-1, S-1 et Y-6.

En premier lieu l'empreinte gravimétrique du Chicxulub prend la forme d'une structure en fer à cheval ouverte vers le nord-ouest, large de 180 km, et composée d'une large anomalie négative de 30 mGal (milligalls) par rapport au niveau de base régional, centrée autour d'un large pic central où les valeurs gravimétriques remontent à une quasi-absence d'anomalie.

De telles anomalies négatives à l'intérieur des remparts du cratère sont censées correspondre aux centaines de mètres d'épaisseur de brèches fracassées dont la densité est inférieure – en raison de leur haute porosité – à celle des roches environnantes, et se manifeste donc par une diminution locale du champ de pesanteur. Notons au passage qu'une trentaine de milligalls d'anomalie négative au Chicxulub est tout à fait en accord avec les valeurs observées au-dessus des autres astroblèmes terrestres. Quant à l'effacement de l'anomalie tout au centre de la structure, il correspond vraisemblablement à l'influence des roches plus denses du soubassement crustal soulevées près de la surface par le phénomène de rebond.

Le centre de ce motif gravimétrique – et donc du cratère – est situé à 21,27°N et 89,60°W, à proximité du petit hameau de pêcheurs de Puerto Chicxulub sur la côte nord du Yucatan. La projection en surface du cratère est donc scindée en deux par la ligne du rivage : la moitié sud s'étend sous les marécages, broussailles et plantations de cactus de la terre ferme, alors que la moitié nord s'étend sous l'eau peu profonde et les sédiments du golfe.

Outre l'empreinte gravimétrique, l'empreinte magnétique permet de préciser plus avant la structure de l'astroblème en trahissant les dimensions de sa lentille de laves : ces roches ignées ont effet « piégé » lors de leur formation le champ magnétique de l'époque[15], empreinte d'autant plus nette que les couches sédimentaires environnantes – carbonates et évaporites – sont très faiblement magnétisées et permettent un contraste optimal.

On observe ainsi une anomalie magnétique en forme de couronne, s'étendant de 20 à 45 km du centre du cratère, la déconvolution mathématique des données indiquant que la source de l'anomalie repose par environ 1 100 m de profon-

---

15. À l'époque de l'impact KT le champ était renversé par rapport à la situation actuelle (le pôle magnétique Nord se trouvant alors au pôle Sud et vice versa).

Structure du cratère

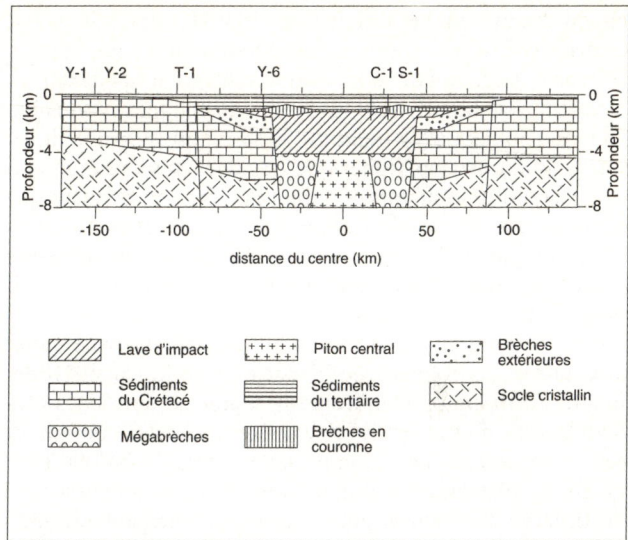

Figure 5.11. – Modèle du cratère du Chicxulub vu en coupe, construit d'après les relevés géophysiques et les données des carottes de forage (l'exagération verticale est de 8 fois). Les puits de forage sont représentés par des traits verticaux. On note dans ce modèle l'épaisse lentille de lave recouvrant les roches crustales du rebond central, avec à sa périphérie une couronne de brèches (pénétrée par le forage S-1). (Modèle de Mark Pilkington et Alan Hildebrand, 1993, Commission géologique du Canada.)

deur, c'est-à-dire au niveau des laves d'impact relevées dans les carottes. Hildebrand et Pilkington déduisirent de cette empreinte que l'anneau de fonte d'impact autour du pic central mesurait 90 km de diamètre, ce qui correspond bien au profil type des autres astroblèmes de cette taille sur la Terre (Sudbury) et sur la Lune.

D'après ce modèle, les chercheurs aboutissaient au scénario suivant. La comète[16] ou astéroïde qui frappa le Yuca-

---

16. D'après les planétologues, et pour les événements de cette magnitude, la probabilité est environ deux fois plus forte que le projectile fut une comète plutôt qu'un astéroïde.

tan creusa une cavité initiale d'environ 90 km de diamètre, et profonde d'une trentaine. Immédiatement les marges instables de cette cavité s'effondrèrent sur un plancher où devaient déjà bouillonner les roches fusionnées par la chaleur de l'impact et la chute de la pression lithosphérique. Cet effondrement périphérique des terrasses évasa le cratère jusqu'à un diamètre terminal de 180 km, pendant que retombaient du ciel et s'empilaient les brèches et autres ejecta, et que, d'autre part, se soulevait par rebond au centre du cratère un plateau central surgi des profondeurs comprimées de la croûte terrestre.

Pour ce qui est des volumes, en extrapolant par rapport aux autres astroblèmes de la Terre et de la Lune, Hildebrand et Pilkington établirent que l'anneau de roches fondues autour du pic central devait être épais de 3 000 m, ce qui représenterait un volume total de près de 20 000 km^3. Quant au plateau central de roches crustales rehaussées, il serait large de 40 km et aurait vraisemblablement accompli une ascension de près de 20 km pour se mettre en place, ayant peut-être pointé son sommet au-dessus des laves avant que ne retombent sur leur dos les brèches d'ejecta. Ces brèches devaient atteindre pour leur part près de 1 000 m d'épaisseur au centre du cratère et près de 600 m sur les bords (sauf là où aurait agi une vigoureuse érosion lors du reflux des eaux marines).

Tout en fin de sa genèse catastrophique, le cratère se serait stabilisé à son diamètre actuel de 180 km (limite des dernières failles d'affaissement concentriques), son comblement par les effondrements et la pluie d'ejecta ayant ramené la dénivellation du bassin à moins de mille mètres.

La folie des grandeurs

Fin 1993, le modèle de Hildebrand et Pilkington était le plus conforme aux données disponibles. Le volume calculé du cratère jouissait notamment d'une excellente corrélation avec la quantité d'ejecta déposés dans le golfe du Mexique,

La folie des grandeurs

ainsi qu'avec le volume de fins débris de la couche K/T répandus à travers le monde.

Néanmoins, d'autres interprétations des données furent offertes à la même époque par deux équipes de chercheurs qui estimèrent une taille supérieure pour le cratère : 240 km (Pope *et al.*) et 280 km (Sharpton *et al.*). Ce désaccord sur la taille était loin d'être un détail puisque les modèles « élargis » impliquaient une énergie d'impact près de dix fois supérieure à celle du modèle d'Hildebrand.

Pour justifier un diamètre de 240 km, le modèle de Kevin Pope mettait l'accent sur l'expression en surface la plus frappante du cratère, à savoir l'anneau de *cenotes* – les fameux étangs alignés qui poinçonnent la campagne du Yucatan. Pope suggéra que cet arc de *cenotes* de 180 km de diamètre représentait non la limite extérieure des terrasses du cratère, comme le statuait le modèle de Hildebrand, mais celle du disque de laves interne, c'est-à-dire la limite *intérieure* des terrasses. En supposant que celles-ci s'étendaient sur une trentaine de kilomètres supplémentaires de part et d'autre des anomalies observées, Pope faisait ainsi passer le diamètre de l'astroblème de 180 à 240 km.

Virgil Sharpton voyait plus large encore. En passant au peigne fin les données gravimétriques du site, le chercheur de Houston et son équipe crurent discerner des anneaux d'anomalies supplémentaires. Ils retrouvaient bien l'anomalie principale au niveau de la ligne des *cenotes* (à un rayon de 90 km), correspondant dans le modèle de Hildebrand au bord du cratère, mais à l'instar de Pope l'interprétaient comme le bord de la lentille de lave et rejetaient la périphérie du cratère au niveau d'un hypothétique anneau extérieur à un rayon de 140 km. Le diamètre total du Chicxulub atteindrait ainsi 280 km[17].

Si les modèles « élargis » de Pope et de Sharpton attirè-

---

17. Sharpton et son équipe étaient d'autant plus persuadés de leur modèle que l'emplacement de leurs anneaux d'anomalies suivait une progression arithmétique équivalente à celle observée dans les grands bassins d'impact de la Lune, à savoir que le rayon de chaque anneau postulé valait 1,4 fois celui du précédent.

rent immédiatement l'attention des médias – à l'affût de nouvelles informations spectaculaires concernant le Chicxulub –, la réaction de la communauté scientifique fut beaucoup plus mitigée : les nouveaux modèles souffraient d'une faiblesse classique dans leur élaboration, à savoir qu'ils ne prenaient en compte qu'une partie des données – celle qui confortait la thèse souhaitée – en perdant de vue l'ensemble. Or l'ensemble, c'est-à-dire les données de forage, les relevés magnétiques, les profils sismiques et le volume des ejecta calculé, convergent pour soutenir le modèle de 180 km de Hildebrand et Pilkington, plutôt que les modèles concurrents.

En outre Hildebrand et Pilkington, ainsi que des observateurs neutres comme Richard Pike, passèrent en revue les données gravimétriques traitées par Sharpton et ne retrouvèrent aucune trace convaincante de l'hypothétique anneau à 280 km. Mais le meilleur moyen de résoudre le différend était encore de retourner sur le terrain pour procéder à de nouvelles mesures gravimétriques dans la zone de litige.

Retour sur le terrain

Dans le but de prouver leur modèle élargi, Virgil Sharpton et son équipe s'associèrent avec Luis Marin à Mexico pour conduire de nouveaux forages à faible profondeur au-dessus du cratère et de sa couronne d'ejecta. Ces forages pénétrant les brèches jusqu'à 700 mètres de profondeur permirent à l'équipe de clamer que celles-ci remontaient à un niveau peu profond entre 125 et 150 km du point zéro, ce qu'ils interprétèrent comme étant le rebord du cratère et donc la confirmation d'une structure large de 300 km. Mais aux yeux des critiques, les preuves n'étaient pas satisfaisantes.

De leur côté, Alan Hildebrand et ses coauteurs Pilkington, Connors, Ortiz-Aleman et Chavez ont publié en août 1995 dans la revue *Nature* les conclusions de plusieurs expéditions sur le terrain qui confirment leur modèle.

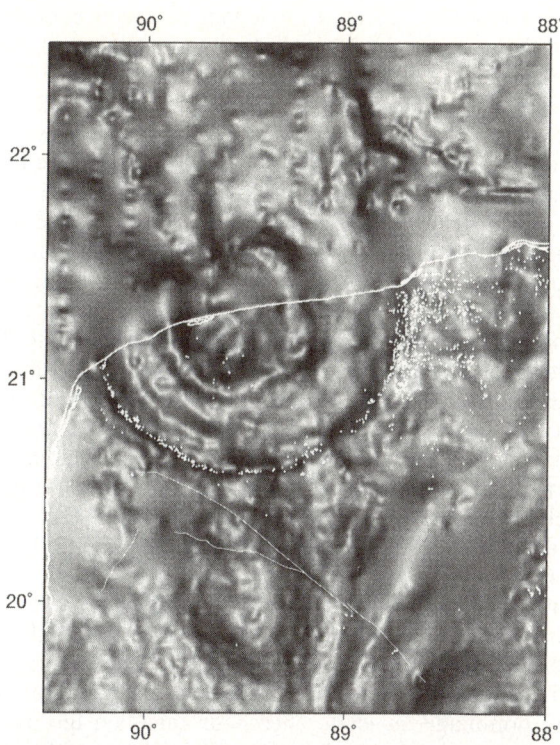

Figure 5.12. – L'empreinte du cratère du Chicxulub, révélée sous le Yucatan par les anomalies du champ de gravité. La ligne de côte est indiquée en trait clair. Le motif circulaire foncé du bassin de laves d'impact est entouré d'une couronne plus claire correspondant aux brèches moins denses (tronquée sur son côté nord). Le périmètre de la structure est marqué par un alignement de *cenotes* (points blancs), surtout dans son quartier sud-ouest. Le trait fin en « Y » au sud du cratère trahit la faille régionale de Ticul. (D'après Alan R. Hildebrand *et al.*, *Nature*, 1995, aimablement communiqué par l'auteur.)

Leur rapport fait état de cinq séries de relevés gravimétriques effectués à travers la brousse du Yucatan, radialement à la structure du cratère (un le long de la côte et quatre à l'intérieur des terres). Le long de chaque parcours d'une quarantaine de kilomètres – qui recoupe l'anneau extérieur de leur modèle et s'étend au-delà –, Hildebrand et Pilkington relevèrent à intervalles réguliers de nouvelles mesures du champ de gravité pour faire ressortir le détail de la structure enfouie. Ajoutant plusieurs centaines de mesures à la carte gravimétrique revue et corrigée[18], Hildebrand et son équipe identifièrent six anneaux d'anomalies de 20 à 90 km du centre de la structure et aucun au-delà, réfutant les modèles élargis de Pope et Sharpton.

Leur propre modèle, en revanche, prend une finesse de trait remarquable : les deux anomalies intérieures dessinent la marge du pic central et celle du lac de laves enfoui ; quant aux quatre anomalies extérieures (de 55 à 90 km du centre), elles marquent les frontières des multiples terrasses d'effondrement, la dernière montrant sur son pourtour des crénelures caractéristiques, telles qu'on en observe sur les remparts extérieurs des cratères d'impact de la Lune, Mars et Vénus.

Le rapport de Hildebrand *et al.* apporte donc une brillante confirmation de leur modèle initial, tout en réfutant les modèles concurrents. En lui réservant sa couverture, la prestigieuse revue *Nature* ne manqua pas l'occasion de rendre hommage au jeune chercheur canadien qui avec constance et mérite, et malgré l'hostilité d'une grande partie de la profession, avait fini par démasquer le grand coupable de la crise K/T.

---

18. Hildebrand et ses coauteurs reportèrent sur une carte non les anomalies gravimétriques brutes mais leur dérivée (le gradient horizontal de l'anomalie par unité de distance), ce qui a pour effet de gommer le « bruit de fond » des tendances régionales et de faire ressortir les anomalies propres au cratère.

Un consensus international

Aujourd'hui l'exploration du Chicxulub continue. De nouvelles alliances internationales sont tissées dans le but de recueillir de nouvelles données.

Une mission internationale, financée par le National Science Foundation américain et des institutions britanniques, regroupe le Collège impérial de Londres sous la direction de Mike Warner et Jo Morgan, l'université UNAM du Mexique, le Lunar and Planetary Institute de Houston, l'Institut géophysique de l'université du Texas, et l'Office géologique du Canada, représenté par Alan Hildebrand et Mark Pilkington.

Cette mission internationale fut conduite à l'automne 1996 pour recueillir des échos sismiques au Yucatan et mieux circonscrire la taille et la structure du cratère enfoui. Pendant qu'une équipe devait recueillir des données sismiques et gravimétriques au sol dans la brousse du Yucatan, une autre équipe devait entreprendre des sondages sismiques en mer, au-dessus de la partie immergée du cratère.

Dans ce but, le vaisseau de recherche R/V Longhorn appareilla de la côte texane en septembre 1996 pour venir sillonner les eaux côtières au large du Yucatan, déposant sur le fond marin 35 sismomètres automatiques, dont les deux tiers le long d'une ligne de 310 km parallèle à la côte, et la douzaine restante le long d'une ligne perpendiculaire, dirigée vers le large.

Lorsque les sismomètres sous-marins furent mis en place, un vaisseau accompagnateur, le GECO Sigma, effectua dans l'eau des tirs à air comprimé, émettant des ondes de choc qui s'enfoncèrent dans le fond de la mer à travers les couches de sédiments. Les échos de ces ondes de choc, réfléchis par les différents niveaux géologiques du sous-sol, étaient alors enregistrés par les sismomètres sous-marins, ainsi que sur la côte par les instruments de l'équipe au sol.

La mission fut un succès. Le GECO Sigma et le R/V Longhorn émirent et enregistrèrent les échos de quelque

2 000 détonations pendant la croisière au-dessus du cratère. Les informations recueillies permirent de noter que la croûte continentale du Yucatan est déformée par l'impact sur un diamètre d'environ 100 kilomètres.

Il s'agirait là de la dimension initiale du cratère ('cavité transitoire', dans le jargon des planétologues), avant son élargissement par glissements de terrain. Ces derniers, sous la forme de blocs basculés et affaissés le long de failles concentriques, sont également visibles sur les profils sismiques, portant le diamètre total de la structure à près de 190 kilomètres. D'autres failles plus distantes affectent également la région, ce qui explique peut-être les dimensions plus larges avancées par Pope et Sharpton.

Toujours est-il qu'à la lumière de cette campagne internationale, le modèle d'Alan Hildebrand et Mark Pilington (180 km) est fondamentalement correct : l'énergie de l'impact a donc mesuré près de 5×10^{23} joules, conformément à ce qu'avaient prédit Alvarez *et al.* dans leur hypothèse initiale. C'est sur ces bases que les chercheurs tentent aujourd'hui de modéliser les effets catastrophiques qu'un tel choc a fait subir à la biosphère terrestre.

Chapitre 6
Scénario d'une catastrophe

Si la réalité de l'impact du Chicxulub est aujourd'hui bien établie, de même que sa concordance avec la crise de la biosphère, les mécanismes exacts de la catastrophe sont beaucoup plus controversés et difficiles à prouver. De nombreuses théories sont avancées.

Lorsqu'ils publièrent leur thèse cosmique en 1980, Alvarez *et al.* suggérèrent que la conséquence la plus fatale d'un impact géant aurait été l'expansion dans l'atmosphère d'un nuage de fines poussières venant intercepter la lumière solaire et bloquer la photosynthèse des plantes et du plancton. Leur mort aurait alors mené à l'effondrement de la chaîne alimentaire tout entière, à l'échelle planétaire.

Intéressant en soi – et nous reviendrons sur son statut actuel – ce premier modèle fut suivi de nombreuses autres pistes : à mesure que les chercheurs se sont penchés sur la modélisation d'un impact géant, ils ont identifié toute une séquence d'effets destructeurs possibles.

Cinq milliards d'Hiroshima

Penchons-nous sur le déroulement des événements, à commencer par la déflagration initiale qui libéra des énergies considérables.

Une simple équation – celle de l'énergie cinétique – permet d'évaluer l'énergie dégagée par l'impact : elle est égale à la moitié de la masse du bolide multipliée par sa vitesse au carré ($1/2\ mv^2$). Nous avons vu que la masse du bolide peut être estimée à partir de la quantité d'iridium dispersée dans la couche K/T : de celle-ci les chercheurs extrapolent que le bolide mesurait environ dix kilomètres de diamètre pour une masse de mille milliards de tonnes. En supposant pour la vitesse de collision une valeur moyenne[1] de 20 km/s, on obtient alors une énergie d'impact de l'ordre de 10^{24} joules.

Ce chiffre est considérable : il est comparable à la chaleur interne que la Terre émet sur toute sa surface en un millier d'années ou – comparaison plus macabre – à cent millions de mégatonnes de TNT, soit *dix mille fois* la déflagration simultanée de toutes les bombes nucléaires de l'humanité !

Les théoriciens qui modélisent les phénomènes d'impact se sont attachés très tôt à comprendre la distribution de cette énergie par rapport à l'atmosphère, la terre ferme et l'océan, la différenciant de surcroît en effets mécaniques et thermiques.

Tout d'abord, un bolide de dix kilomètres de diamètre arrivant à des dizaines de kilomètres par seconde a une énergie cinétique telle qu'il n'est virtuellement pas ralenti par l'atmosphère terrestre avant l'impact, à la différence des petites météorites. Il faut en effet se représenter un bolide aussi large que la troposphère n'est épaisse et qui l'a traversée en moins d'une seconde, ce qui ne lui a guère laissé le temps de ralentir ni même de substantiellement s'échauffer avant l'impact : seule une fine pellicule du bolide a dû se sublimer pendant cette brève seconde, comme l'attestent les cristaux de spinelle de la couche K/T (voir chapitre 2).

Les calculs montrent que l'atmosphère a été soufflée autour du bolide lors de cette pénétration « éclair », la masse d'air déplacée emportant avec elle une énergie cinétique de l'ordre de 10^{21} joules, soit un dixième de pour-cent de l'énergie du bolide. Quant aux cent mètres d'eau qui recouvraient le Yucatan, ils ont été soufflés de façon tout

---

1. Nous utilisons ici des moyennes entachées d'une certaine incertitude. La masse du bolide n'est estimable à l'heure actuelle qu'à quelques dizaines de pour-cent près. Quant à la vitesse de collision, elle aurait pu prendre toute valeur comprise entre 10 et 70 km/s, selon l'orbite du bolide incident.

Figure 6.1. – Vue d'artiste de l'impact du Chicxulub dans les eaux du golfe du Mexique. Un dixième de pour-cent de l'énergie d'impact fut communiqué à l'atmosphère et à l'océan, engendrant vents supersoniques et raz de marée. Quant à l'immense majorité de l'énergie restante (99,9 %), elle fut convertie en énergie thermique et cinétique des roches volatilisées et éjectées du point d'impact. (© William K. Hartmann.)

aussi expéditive (en moins d'un centième de seconde) avant que la terre ne s'ouvre béante sous le choc de l'impact en une déflagration représentant cinq milliards de fois la bombe d'Hiroshima.

Ouragan et raz de marée

Avant d'explorer cette pulvérisation de la croûte terrestre au point zéro, suivons le parcours de l'onde de choc qui rayonna dans l'atmosphère et dans la mer. Une première étude théorique sur le sujet était présentée dès 1981 par Emiliani, Kraus et Shoemaker, quelques mois seulement après l'énoncé de l'hypothèse cosmique par l'équipe des Alvarez.

Les équations de conservation du moment cinétique nous enseignent que la bourrasque dans l'atmosphère démarra avec une vitesse équivalente à la vitesse de pénétration du bolide, au moins 20 km/s. Toutefois la vitesse chuta rapidement, l'onde de choc rencontrant une masse d'air de section croissante à mesure qu'elle étendait son rayon d'action. Au bout d'une dizaine de minutes d'expansion, le vent descendait en dessous de mach 1 : l'onde de choc avait alors parcouru plus de 500 km. Il fallut encore plusieurs dizaines de minutes à la bourrasque pour tomber sous la barre des 500 km/h, à quelque mille kilomètres du cratère.

Puis, le vent tomba très vite pour inverser brusquement de direction : en effet le souffle avait créé un vide dans son sillage et cet « entonnoir » de basse pression centré sur le Chicxulub exerça un appel d'air qui, une fois l'expansion terminée, rappela les masses atmosphériques en un maelström centripète. Cet effet d'ouragan « aller et retour » est observé à plus petite échelle lors des explosions atomiques.

À la lumière de ces estimations on peut supposer que les forêts furent rasées par le souffle de l'impact – et les animaux emportés dans la tourmente – dans un rayon d'environ 1 000 km autour du point zéro. Cette catastrophe éolienne fut donc très localisée puisque le point zéro était situé en mer : seules les côtes du Mexique durent être passablement affectées par l'ouragan.

L'effet tsunami fut lui aussi marginal car le bolide ne frappa que dans une centaine de mètres d'eau. À l'endroit de l'impact cette pellicule marine fut vaporisée. Tout autour, les eaux du golfe furent « retroussées » en un mur d'eau s'élançant radialement dans toutes les directions. L'onde étant sensiblement de même amplitude que la profondeur de la mer au point d'impact, on estime que la hauteur de la vague initiale ne fut guère supérieure à cent mètres. Le cas est ainsi très différent de celui d'un impact en mer profonde où le raz de marée aurait eu une amplitude initiale de quatre à cinq mille mètres.

Haute de cent mètres, et décroissant avec la distance à l'origine, l'onde marine se propageant autour du Chicxulub ne dut mesurer que quelques dizaines de mètres de hauteur lorsqu'elle déferla sur les côtes du golfe du Mexique[2] et quelques mètres seulement lorsqu'elle atteignit les côtes d'Europe et d'Afrique. Mais ce fut suffisant pour semer la dévastation. En effet de telles ondes de haute mer se dressent lorsqu'elles arrivent sur les bas-fonds côtiers, leur hauteur étant multipliée par dix, voire vingt.

On peut imaginer que les dégâts furent considérables le long du littoral mexicain et dans les grandes plaines centrales d'Amérique du Nord car il ne faut pas oublier qu'une mer intérieure pénétrait loin à l'intérieur du continent à la fin du Crétacé, sans barrière topographique. Or un grand nombre d'espèces animales vivaient – et se reproduisaient – dans ces plaines côtières. Le tsunami de l'impact dut donc massacrer un grand nombre de populations à l'échelle régionale et l'on peut avancer que les dinosaures des grandes plaines américaines périrent en grande partie noyés. Toutefois le pire était encore à venir.

L'ébranlement sismique

Ouragan et tsunami n'ont en effet représenté qu'une minuscule fraction de l'énergie d'impact – moins de 1 % –, les 99 % restants s'étant convertis dans la fonte et la volatilisation du bolide et de la roche cible, la vigoureuse éjection de débris fracassés hors du cratère, et l'ébranlement sismique de la planète.

---

2. En étudiant les dépôts de raz de marée de Brazos River, Joanne Bourgeois avait plutôt estimé une vague de 100 m d'amplitude sur les côtes du Texas. Certains facteurs auraient pu amplifier les tsunamis dans le golfe, comme par exemple les impacts de gros ejecta dans des eaux plus profondes, surtout si l'impact fut oblique.

L'ébranlement sismique de la Terre fut d'une extrême violence. Les trains d'onde durent atteindre la magnitude 10 sur l'échelle de Richter, délivrant une énergie plusieurs milliers de fois supérieure à celle du plus grand séisme de notre histoire. Outre le fait que ces ondes intenses durent faire jouer des failles et entraîner des glissements de terrain un peu partout sur Terre, les chercheurs du *Sandia National Laboratory* émirent l'hypothèse que les couches internes de la planète, tel un prisme géant, focalisèrent le train d'ondes pour le rendre particulièrement redoutable à l'antipode du point d'impact, quelque part dans l'océan Indien. Convergeant sur ce point « zéro bis » après un parcours de près de 80 minutes, les ondes de l'impact durent y soulever le sol en ondulations d'une vingtaine de mètres d'amplitude[3].

Une telle focalisation d'énergie aux antipodes aurait-elle pu y déclencher des éruptions volcaniques ? Ce serait là une belle occasion de réconcilier quelque peu les impactistes et les volcanistes mais malheureusement les calculs ne plaident pas en faveur d'un tel scénario.

Le géologue planétaire Ron Greeley suggère bien un possible antécédent en évoquant le grand impact de Hellas dans l'hémisphère sud de la planète Mars, qui fut peut-être responsable de la genèse du volcan Alba Patera dans l'hémisphère nord, l'un des plus grands centres éruptifs du système solaire[4]. Mais pour le bien plus faible impact du Chicxulub sur Terre, les énergies calculées au point antipodal ne semblent pas capables de déclencher une production importante de magma. Les couches sédimentaires qui recouvrent l'argile K/T dans ces régions n'apportent d'ailleurs aucune preuve d'une activité volcanique supérieure à la moyenne. Les trapps du Deccan notamment, qui sont l'événement volcanique principal de la fin du Crétacé, avaient commencé leur cycle éruptif principal près d'un

---

3. À titre de comparaison, le grand séisme de San Francisco de 1910 ne fit vibrer la surface du sol que sur une amplitude d'environ un mètre.
4. Pour une description des phénomènes volcaniques sur les autres planètes, voir *Les volcans du système solaire*, du même auteur aux Éditions Armand Colin (1992).

million d'années avant l'impact et, si l'on en croît l'emplacement de la couche K/T dans des sédiments inter-trappiens du Deccan, ne marquent aucune recrudescence exceptionnelle après l'impact[5].

Bombardement d'ejecta

Pour en revenir au site de l'impact, la vague de compression qui s'étend dans les roches du Yucatan fut suivie d'une vague de décompression, éjectant les blocs fondus et fracassés dans toutes les directions, la trombe de débris incandescents prenant d'abord la forme d'un entonnoir autour de l'axe d'arrivée du bolide puis, à mesure que le cratère se creusait, une forme hémisphérique en bulle similaire à celle d'une explosion traditionnelle. La décompression brutale d'eau en vapeur ajouta à la dynamique d'expansion, accélérant d'autant les roches et les poussières projetées.

Les ejecta fusant du point d'impact connurent des destins variés. Les ejecta centraux, premiers expulsés, furent vraisemblablement très riches en matière météoritique vaporisée, ainsi qu'animés des plus hautes vitesses. Ce fut vraisemblablement la retombée de ces ejecta centraux – cristaux choqués et fines gouttelettes de roche – qui créa tout autour de la Terre la couche K/T[6].

Les ejecta plus gros « lancés » de la périphérie du cratère furent moins chargés en éléments météoritiques – puisque le bolide était déjà « consommé » – et représentaient essentiellement de la roche cible : ces ejecta étaient de loin les plus abondants puisque la masse de roches locales projetées hors du cratère valait près de 300 fois la masse du bolide

---

5. Tout au plus peut-on penser que les calderas volcaniques au bord de l'éruption à la fin du Crétacé ont pu bénéficier de l'énergie sismique ajoutée pour basculer dans un régime éruptif. Si tel fut le cas, on s'attend à trouver à l'avenir la trace de tels dépôts.
6. Des désaccords persistent quant au mode d'emplacement exact de la couche K/T et de ses milliards de cristaux de spinelle, quartz choqués et autres grains minéraux.

incident. On estime ainsi que l'impact du Chicxulub éjecta près de 200 000 km^3 de matière en une poignée de secondes pour former une cavité béante profonde de 30 km et large de 90 km avant que l'effondrement des parois – comme on l'a vu dans le précédent chapitre – élargisse la structure en une soucoupe beaucoup plus évasée, partiellement comblée par l'effondrement de ses terrasses.

L'énergie cinétique de l'impact se vit donc principalement convertie dans l'échauffement et la projection des ejecta hors de l'arène du cratère, à des vitesses qui variaient de quelques centaines de mètres par seconde, pour les plus gros blocs à la périphérie du bassin, à plusieurs kilomètres par seconde pour les ejecta centraux bénéficiant du « trou d'air » à l'aplomb du point zéro : ce sont ces ejecta à haute vitesse qui furent distribués de façon balistique sur toute la surface du globe.

La grande rôtissoire

En retombant, ces ejecta vont semer l'enfer sur Terre. À leur départ du Chicxulub ils avaient profité de l'atmosphère raréfiée par la déflagration pour fuser dans l'espace, et se répandre en ombrelle tout autour de la planète. En revanche, lorsque les projectiles se sont mis à retomber – et ce jusqu'aux antipodes du point d'impact – l'atmosphère était bien là pour les freiner et les échauffer au retour : les ejecta connurent une ablation substantielle lors de cette rentrée atmosphérique. Tant leur chaleur interne que leur énergie cinétique furent transmises par rayonnement et par friction aux gaz de l'atmosphère.

Cet échauffement de l'atmosphère peut être quantifié. Le spécialiste des impacts Jay Melosh, de l'université de l'Arizona, s'y attacha dès 1990. En supposant que la pluie d'ejecta retombant sur Terre dut avoisiner dix kilogrammes au mètre carré, et en attribuant à ces projectiles une vitesse moyenne de cinq kilomètres par seconde, Jay Melosh et ses partenaires calculèrent un échauffement de cent millions de joules par mètre carré de section atmosphérique. La majeure partie de cette énergie aurait été dissipée à des altitudes de l'ordre de 60 à 70 km.

Les couches de la haute atmosphère se seraient ainsi « allumées » en une rôtissoire infernale, dégageant en l'espace de quelques minutes une puissance thermique de l'ordre de 50 kilowatts au mètre carré, soit plus de trente fois la chaleur que la Terre reçoit du Soleil. Seule une partie de ce rayonnement thermique aurait atteint la surface du globe puisqu'une moitié de la puissance initiale aurait été radiée vers l'espace et qu'une fraction du rayonnement restant aurait été absorbée par les gaz de l'atmosphère avant d'atteindre le sol.

Melosh *et al.* estiment toutefois qu'un rayonnement de l'ordre de 10 kW/m^2 serait parvenu au sol : une véritable fournaise à plus de 400 °C qui aurait duré plus d'une heure. Ce niveau d'énergie est comparable à celui d'une rôtissoire : plantes et animaux exposés durent être grillés à point et seules les régions protégées par d'heureuses circonstances auraient vu leurs écosystèmes survivre en partie, bien qu'affreusement décimés.

Dans ce modèle radical on peut presque s'étonner qu'il y eut des survivants. Melosh attire toutefois l'attention sur l'effet protecteur assuré par les nuages : en se vaporisant sous le rayonnement incident, les gouttelettes d'eau condensée « pomperaient » une grande partie de l'énergie incidente, de sorte qu'un banc nuageux suffisamment épais serait localement capable de neutraliser ou au moins de diminuer le flux de chaleur. Lors du funeste impact, la météo joua donc un rôle inattendu : les régions jouissant d'un beau ciel bleu ou d'une nuit étoilée subirent un préjudice considérable par rapport aux zones couvertes de nuages !

De son côté, Alan Hildebrand précise le modèle de la rôtissoire globale en faisant remarquer que la grande pulsion thermique fut loin d'être uniforme sur toute la Terre, la distribution des ejecta étant maximale au point d'impact et tombant exponentiellement avec la distance au point zéro. Le chercheur canadien pense donc qu'au-delà de 5 000 km du cratère, l'échauffement fut inférieur à la moyenne calculée par Melosh.

En revanche, d'après les calculs de Hildebrand, la chaleur fut cent fois supérieure à la moyenne à moins de 2 500 km du cratère et mille fois supérieure à moins de 1 000 km du point d'impact. Ce n'est donc plus 10 kW/m² de puissance au sol qu'il faut imaginer dans ces régions infortunées du globe mais plutôt des puissances calorifiques de un à dix mégawatts au mètre carré. L'exemple de la rôtissoire est dépassé : c'est un four à arc qu'il faut se représenter dans la région du golfe, réduisant la biosphère à l'état de cendres.

Un impact oblique

Il faut ajouter que l'empreinte au sol des retombées et de l'échauffement n'est pas forcément symétrique. Elle dépend en effet de la trajectoire du bolide incident lorsqu'il frappa le Yucatan : au lieu d'être verticale, la collision aurait pu se dérouler selon un angle rasant avec une éjection de débris et une « langue de feu » allongée dans une direction préférentielle. En fait, de l'impact zénithal à l'impact rasant, tous les cas de figure peuvent se présenter, aussi variés que le sont les trajectoires des planétoïdes et leurs angles d'intersection avec l'orbite terrestre.

Tout ce que les lois de la probabilité peuvent nous suggérer, c'est que l'impact eut beaucoup plus de chances d'être oblique (incidence moyenne de 45°) que d'être vertical ou, à l'autre extrême, tangentiel. Avant même la découverte du Chicxulub le géologue Peter Schultz faisait remarquer qu'un impact oblique pouvait expliquer l'intensité de la crise biologique K/T par les effets pervers qu'une telle géométrie entraînerait. Selon le chercheur de la *Brown University*, ce pourraient être ces différences d'incidence qui font que certains grands astroblèmes sur Terre ne sont pas associés à de grandes extinctions, alors que l'impact K/T fut particulièrement ravageur.

En simulant en laboratoire l'impact de projectiles hypervéloces sur des cibles variées (voir figures 6.2 et 6.3), Peter Schultz avait montré que les collisions obliques transmettaient une grande partie de leur énergie en aval du point d'impact, des fragments du bolide ayant tendance à rico-

Un impact oblique

cher, accompagnés dans leur parcours prolongé d'une gerbe d'ejecta et d'un nuage de matière vaporisée. Plus la trajectoire était rasante, plus la fraction d'énergie transmise à l'atmosphère augmentait, aggravant l'effet « rôtissoire » et les autres perturbations de l'environnement.

Si un impact oblique paraissait probable autant qu'explicatif de l'intensité de la crise K/T, il restait à le prouver sur le terrain. On savait quels indices rechercher : les expériences au laboratoire et les champs de cratères sur la Lune, Mars et Vénus montrent des formes distinctes qui sont révélatrices d'impacts obliques. Ainsi leurs bols s'allongent lorsque l'angle d'impact dépasse 45° et devient rasant. En outre, les murs du côté amont restent raides et circulaires alors que les murs en aval ont tendance à être surbaissés et ouverts en fer à cheval vers l'extérieur.

Or Pete Schultz fait remarquer que l'empreinte gravimétrique du Chicxulub est justement asymétrique, prononcée et circulaire dans sa partie sud-est pour s'estomper et s'ouvrir en fer à cheval vers le nord-ouest. Le chercheur en conclut que le bolide avait suivi une trajectoire oblique depuis le sud-est, survolant l'Atlantique Sud puis le Brésil avant de frapper le Yucatan. L'impact aurait éjecté par ricochet une salve de projectiles secondaires et une langue de feu dans la prolongation de la trajectoire, à travers le golfe du Mexique vers le nord-ouest. Ce modèle a le mérite d'expliquer pourquoi les plus gros grains de quartz choqués et autres tectites sont concentrés en Amérique du Nord, et pourquoi les extinctions d'espèces animales et végétales y sont particulièrement nombreuses à la limite K/T. L'embrasement de l'atmosphère, les feux de forêt et les ouragans attisant les flammes y auraient été plus concentrés qu'ailleurs[7].

---

7. Une asymétrie de l'effet rôtissoire est d'autant plus probable que la rotation de la Terre dut jouer également, comme l'a noté Walter Alvarez : le temps que les ejecta retombent, la rotation de la planète dut exposer en « première ligne » les régions à l'ouest du point d'impact, et notamment le Pacifique et l'Asie. En fait on s'attend à ce que l'Atlantique, l'Afrique et l'Europe soient le moins affectés par les ejecta lourds, ce qui semble confirmé par la rareté des tectites et des quartz choqués dans leurs couches K/T.

Figure 6.2. – Impact oblique au laboratoire : le projectile animé d'une vitesse de 5 km/s est venu frapper la cible de sable depuis la droite avec un angle incident de 15° par rapport à l'horizontale. La gerbe d'ejecta et de sable vaporisé est nettement orientée en aval vers la gauche. Un impact oblique concentre ainsi ses effets néfastes dans la prolongation de la trajectoire d'arrivée. (Photo Peter H. Schultz, Brown University et NASA Ames Vertical Gun Range.)

L'embrasement des forêts

Quel que soit son mécanisme exact, l'effet rôtissoire est pressenti comme l'effet le plus dévastateur de l'impact, d'un point de vue théorique. Mais dans la pratique, comment prouver le phénomène et en mesurer l'ampleur réelle ?

En fait, des indices déterminants furent découverts en 1985 avant même que la théorie de l'embrasement soit avancée, et de façon presque fortuite. La chimiste Wendy Wolbach (aujourd'hui professeur à l'Illinois Wesleyan Uni-

L'embrasement des forêts

Figure 6.3. – Cratère d'impact oblique obtenu au laboratoire par un projectile frappant une cible métallique avec une incidence de 15° : on note la forme allongée du cratère, ouvert vers l'aval et prolongé par un labourage directionnel de la cible par les ejecta. Un tel impact oblique est postulé pour le Chicxulub qui montre une structure en fer à cheval ouverte vers le nord-ouest. (Photo Peter H. Schultz.)

versity) et son équipe s'étaient lancés à la recherche de gaz nobles d'origine cosmique dans la couche K/T, qui auraient survécu à la vaporisation du bolide. D'expérience les chercheurs savaient que de tels gaz, s'il en restait, se trouveraient piégés dans les poussières de carbone de l'argile K/T. C'est donc vers ces résidus carbonés qu'ils tournèrent leur attention.

Or si les chercheurs ne trouvèrent pas de gaz cosmiques, tant la vaporisation du bolide fut totale, ils mirent le doigt en revanche sur une quantité anormalement élevée de carbone élémentaire – du carbone « pur », non lié chimiquement. Cette concentration de carbone élémentaire était dix mille fois supérieure au taux mesuré dans les sédiments

Figure 6.4. – Wendy Wolbach au travail dans son laboratoire. C'est en passant en revue les phases carbonées de la couche K/T que la chimiste a détecté une quantité remarquable de carbone de combustion dans la fine couche de l'argile, correspondant à des feux de forêt planétaires allumés par la chaleur de l'impact. (Photo Wendy S. Wolbach, Illinois Wesleyan University.)

« normaux », comme les argiles qui se forment sur Terre de nos jours. D'où venait tout ce carbone élémentaire dans la couche K/T ?

Ces particules de carbone, qui mesurent moins d'un micron en moyenne, ont des formes irrégulières et « cotonneuses », caractéristiques du carbone de combustion qui se forme dans les flammes (voir figure 6.5). Les particules les plus grosses (quelques microns) ressemblent par ailleurs à s'y méprendre aux cendres que dispersent les feux de forêt.

L'hypothèse d'un embrasement catastrophique de la végétation, suite à l'impact, semblait donc confirmée à la lumière de cette découverte. Wolbach et ses coauteurs prirent la précaution toutefois de passer en revue les autres hypothèses possibles avant de conclure aux feux de forêt planétaires, mais des considérations chimiques leur permi-

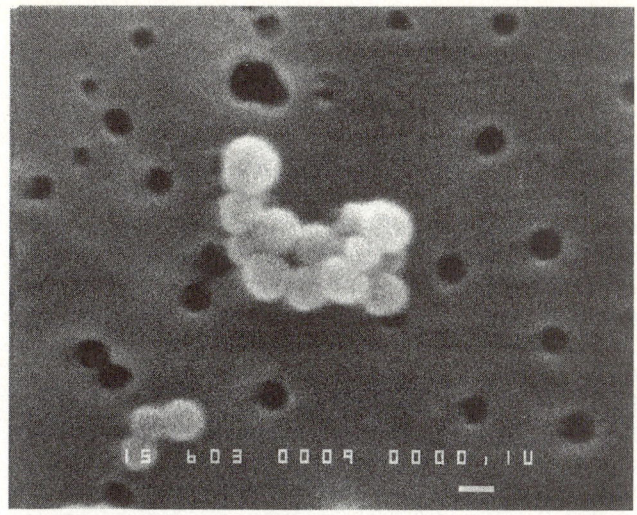

Figure 6.5. – Gros plan au microscope électronique d'une « grappe » de particules de suie provenant de la couche K/T (site de Caravaca en Espagne). Les globules mesurent un dixième de micron : leur structure est symptomatique de la combustion de matière organique. (Photo Wendy S. Wolbach, Illinois Wesleyan University.)

rent d'écarter tant la possibilité que ce carbone soit de nature météoritique que celle qu'il soit dû à d'éventuels dépôts fossilifères – schistes bitumineux et autres dépôts d'hydrocarbures – enflammés sur le site de l'impact. La source essentielle de cette suie de combustion dispersée dans la couche K/T était donc bien la biosphère elle-même : une grande partie de la flore et de la faune aurait péri carbonisée, suite à l'impact.

Dans une étude ultérieure publiée en 1988, Wendy Wolbach et ses coauteurs évaluèrent à près de cent milliards de tonnes la quantité de carbone de combustion dans la couche K/T. En considérant la masse de végétation qui recouvrait la Terre à l'époque (supérieure à celle d'aujourd'hui car le Crétacé fut une époque de forêts luxuriantes), Wolbach *et al.* conclurent qu'une bonne moitié de la biomasse terrestre avait brûlé, et ce dans les quelques jours à quelques mois suivant l'impact car la suie se trouve concentrée dans les trois premiers millimètres de l'argile K/T.

D'autres informations sur l'embrasement des forêts nous sont fournies par les hydrocarbures aromatiques que l'on détecte à la surface des particules de suie, bien connus pour provenir de la pyrolyse de matières organiques : on trouve ainsi dans la couche K/T pyrène et coronène, phénanthrène, chrysène, fluorène et rétène. Cette dernière molécule, notamment, résulterait de la décomposition thermique de la résine de conifère.

Pour clore le sujet des incendies, précisons que sur de nombreux sites K/T à travers le monde, les graines et pollen fossiles indiquent un changement abrupt de la végétation après l'impact. Alors que conifères et arbres à fleurs dominaient avant la crise, les premiers végétaux fossiles trouvés après la couche K/T sont des spores de fougères : sur les sites d'Amérique du Nord, leur proportion juste au-dessus de la couche K/T dépasse 90 %. Or les fougères sont bien connues pour être des espèces tenaces et opportunistes qui sont les premières à repousser après les feux de forêt...

Substances toxiques

Si l'effet rôtissoire déclenché par les ejecta fut vraisemblablement la conséquence la plus meurtrière de l'impact, un autre effet pervers est avancé par les chimistes : l'empoisonnement de la biosphère par des substances toxiques.

Cette théorie ne date pas d'hier : depuis que les astronomes ont su déchiffrer dans la lumière des astres la nature de leurs constituants chimiques, les bruits les plus alarmants ont couru sur les produits toxiques des comètes et la dévastation que subirait la Terre si elle venait seulement à passer dans la queue de l'une d'entre elles. La détection dans les gaz cométaires d'acide cyanhydrique – un poison violent – avait alimenté la rumeur et pesé lourd dans le vent de panique qui avait soufflé sur les populations « informées » lors du passage de la comète de Halley en 1910.

Dès la publication de la thèse cosmique par les Alvarez, le géologue Ken Hsü (1980) avait ravivé cette hypothèse en attirant l'attention sur l'empoisonnement possible de la biosphère par l'acide cyanhydrique. Toutefois, comme le souligne la chimiste Wendy Wolbach, la vaporisation à haute température du bolide lors de l'impact ne peut avoir préservé une molécule aussi fragile que HCN, qui se serait dissociée en ses éléments inoffensifs hydrogène, carbone et azote. Si empoisonnement il y eut, ce fut plutôt par le biais des éléments non volatils du projectile, c'est-à-dire les métaux toxiques.

Les météorites sont en effet riches en métaux comme le nickel, le chrome et le cobalt, dont la toxicité est bien connue. Les chercheurs Stewart Davenport et Thomas Wdowiak en ont fait la démonstration en exposant des graines de radis – espèce bien connue pour sa résistance – à de la poudre de météorite broyée (provenant en l'occurrence de la chondrite carbonée d'Allende). Les chercheurs observèrent que la plante périclitait dès sa germination, la production de chlorophylle chutant brutalement.

Or l'impact du Chicxulub dut répandre une vaste quantité de métaux toxiques à la surface du globe. Le nickel en particulier dut pleuvoir à raison d'une cinquantaine de grammes au mètre carré, représentant des concentrations de 100 à 1 000 ppm (nanogrammes par gramme). Or le seuil toxique pour les plantes est de l'ordre de 40 ppm.

A-t-on des preuves de cet empoisonnement sur le terrain, au niveau de la couche K/T ? Il faut savoir que le nickel et autres métaux du même type sont très solubles et disparaissent rapidement des sédiments. Néanmoins, Sharpton *et al.* ont mesuré des concentrations de nickel de l'ordre de 40 ppm dans la couche K/T d'Alberta, ce qui est déjà un niveau toxique tout en sachant que la concentration originale fut sans doute bien plus forte[8].

L'empoisonnement venu de l'espace put ainsi conduire, ou du moins contribuer à l'extinction de nombreuses espèces. Ce qui est encore plus redoutable, c'est que la Terre elle-même dut générer des produits toxiques lors de l'impact, à la fois dans l'atmosphère et au sol.

L'atmosphère est le lieu d'une grande variété de réactions chimiques, comme nous en avons pris conscience aujourd'hui à travers la destruction de la couche d'ozone et les pluies acides causées par notre activité industrielle. Or la traversée atmosphérique d'un bolide et de la multitude d'ejecta associés crée des ondes de choc au sein desquelles la température de l'air peut dépasser 2 000 °C jusqu'à des milliers de kilomètres du point zéro. À ces hautes températures on assiste à une dissociation des molécules d'azote et d'oxygène et à leur recombinaison en monoxyde d'azote (NO), puis en dioxyde d'azote (NO_2). On peut spéculer que l'impact du Chicxulub fit grimper la concentration de ces dangereux composés à quelques pour-cent localement.

Or une concentration d'un centième de pour-cent suffit – on l'observe au laboratoire – pour que les plantes soient empoisonnées et que les animaux connaissent de graves troubles respiratoires. En altitude, une telle vague de dioxyde d'azote a pu aussi attaquer la couche d'ozone, bien que dans le chaos de gaz et de poussières qui suivit l'impact, d'autres réactions ont aussi bien pu protéger l'ozone, voire la reconstituer. Une éventuelle déchirure du bouclier d'ozone ne revêt par ailleurs que peu d'importance par comparaison aux autres causes de mortalité qui ébranlèrent la biosphère. Car la liste des affronts subis est loin d'être terminée.

Les gaz de l'impact, et notamment les oxydes d'azote, ne séjournèrent pas longtemps dans l'atmosphère. Ils se com-

---

8. En effet Huffman *et al.* ont trouvé dans les carottes d'Atlantique Sud des concentrations de 140 ppm à la hauteur de la couche K/T, mesures qui restent à confirmer.

binèrent à la vapeur d'eau ambiante pour former des gouttelettes d'acide (notamment de l'acide nitrique) qui se précipitèrent en pluies corrosives à la surface des océans et des continents.

Sur la terre ferme ces pluies acides constituèrent un facteur de dévastation supplémentaire pour les plantes, qui se répercuta sur le reste de la chaîne alimentaire terrestre. L'empoisonnement des rivières, quant à lui, fut aggravé par un effet secondaire : l'acidité des pluies dut en effet ronger les versants des bassins hydrographiques pour concentrer des ions métalliques dans les cours d'eau, notamment des ions d'aluminium et de mercure, qui sont des poisons redoutables pour la faune et la flore. Sur plusieurs sites continentaux, Hildebrand et Boynton ont d'ailleurs trouvé des concentrations de mercure anormalement élevées à la limite K/T.

Les démons du Yucatan

La formation de pluies acides à partir des molécules de l'atmosphère est une quasi-certitude, mais comme si elle ne suffisait pas, les chercheurs ont identifié une seconde source d'acidité : les sédiments du Yucatan eux-mêmes qui furent volatilisés lors de l'impact. C'est ce qu'on appelle l'effet de cible, suggéré dès la découverte du Chicxulub par nombre de chercheurs, à commencer par Alan Hildebrand et Kevin Pope, le volcanologue Sigurdsson, le géologue Robin Brett, et le spécialiste du Yucatan Eugène Perry.

Tous notèrent que le site du Chicxulub est constitué d'épaisses couches de calcaire mais aussi d'anhydrite et de gypse, minéraux qui contiennent de fortes concentrations de soufre. Dans les carottes de la Pemex on trouve des couches d'anhydrite épaisses de plusieurs centaines de mètres sur la périphérie du cratère. Or sur le site de l'impact elles durent être presque entièrement vaporisées : comme l'anhydrite libère lors de sa décomposition de l'oxyde de calcium (CaO) et du dioxyde de soufre (SO_2), on estime qu'une centaine de milliards de tonnes de dioxyde de soufre furent insufflées dans la haute atmosphère pour se répandre tout autour du globe.

Tout comme le dioxyde d'azote formé par l'onde de choc, ce dioxyde de soufre dut lui aussi s'hydrater au contact de la vapeur d'eau atmosphérique pour engendrer des pluies acides. Mais avant de se précipiter au sol, le soufre dut certainement séjourner plusieurs mois dans la stratosphère glacée sous forme de fins cristaux d'acide sulfurique, causant une réflexion accrue du rayonnement solaire vers l'espace et un refroidissement du globe : nous reviendrons plus loin sur les effets climatiques de ces aérosols.

Le dioxyde de soufre ne fut pas le seul gaz libéré de la cible sédimentaire par l'impact. Outre ses couches d'anhydrite, la plate-forme recelait une quantité plus grande encore de calcaire riche en carbone : l'impact dut générer d'importants volumes de gaz carbonique dans l'atmosphère, sans doute au point de déclencher un effet de serre.

Ces effets de refroidissement et d'échauffement ne sont pas contradictoires : ils durent au contraire se cumuler car ils jouent sur des échelles de temps différentes. L'impact dut ainsi causer un échauffement brutal de l'atmosphère au cours des premières heures, un refroidissement intense dû aux poussières et aux aérosols sulfuriques pendant plusieurs mois, et lorsque le voile tomba, un effet de serre faisant basculer la température à l'autre extrême pendant des années, voire des millénaires.

La nuit la plus longue

Le nuage de poussières venant obscurcir toute la Terre fut la première conséquence fatale de l'impact avancée par Alvarez *et al.* dès 1980. En extrapolant les études de l'époque sur les grandes éruptions volcaniques et les modèles d'hiver nucléaire, les chercheurs conclurent que les poussières seraient restées suspendues plusieurs mois dans la haute atmosphère, entraînant l'obscurité totale sur l'ensemble de la planète, l'arrêt de la photosynthèse et l'effondrement de la chaîne alimentaire.

Le modèle fut exploré en détail par les chercheurs Toon, Pollack et Ackerman de la NASA, qui furent prompts à souligner qu'un impact de la taille du Chicxulub était hors de mesure avec les modèles et les extrapolations volcaniques. Un gros impact implique en effet une telle quantité d'énergie qu'il provoque dans l'atmosphère un dynamisme turbulent comparable à celui des grandes tempêtes de poussière sur la planète Mars.

Par analogie avec les tempêtes martiennes, Toon et ses coauteurs estimèrent que le nuage de fins ejecta soulevé par l'impact se serait répandu tout autour de la Terre en deux semaines tout au plus : les écarts de température entre régions durent en effet se traduire par des vents extrêmement violents.

Une fois la poussière rapidement distribuée, son temps de résidence dans l'atmosphère a dépendu de facteurs classiques, tels la taille des particules, leur taux de coagulation, et les précipitations pluvieuses qui en purgeaient l'atmosphère. Pour des particules essentiellement micrométriques, Toon *et al.* ont estimé que leur survie dans la stratosphère dura plusieurs mois. Une fois descendues dans la troposphère sous la barre des dix kilomètres, leur purge par les eaux de pluie dut les précipiter au sol en l'espace de quelques jours.

Lors de leur suspension dans la stratosphère, ces particules micrométriques auraient intercepté la quasi-totalité de la lumière solaire, plongeant la Terre dans une obscurité qui dura plusieurs semaines. Les spécialistes s'accordent pour penser qu'une nuit noire régna sur la Terre pendant au moins deux mois, et que la luminosité fut inférieure au seuil nécessaire pour la photosynthèse pendant au moins un semestre.

Certains chercheurs n'écartent pas la possibilité que cette nuit ait pu durer plus d'un an, en prenant en compte la quantité d'aérosols sulfuriques relâchés par l'effet de cible du Yucatan – bien connus pour leur petite taille et leur long

Figure 6.6. – Le port de pêche de Chicxulub sur la côte nord du Yucatan. L'impact fut particulièrement dévastateur parce qu'il eut lieu sur une plate-forme de calcaire, anhydrite et gypse : la volatilisation des sédiments côtiers relâcha de vastes quantités de gaz carbonique et sulfureux dans l'atmosphère, entraînant pluies acides et effet de serre. (Photo de l'auteur.)

temps de séjour dans l'atmosphère. Quant à la suie dégagée par les feux de forêt, elle dut elle aussi renforcer l'obscurité.

Dans les semaines qui suivirent l'impact cette nuit noire ne se limita pas à arrêter la photosynthèse et faire s'effondrer la chaîne alimentaire. Elle fit également chuter la température au sol de quatre à cinq degrés au minimum selon Toon *et al.*, ce qui est déjà considérable, et de près de dix degrés selon Pope *et al.* qui n'hésitent pas à affirmer qu'une brume d'aérosols sulfuriques persista autour de la Terre pendant près d'une décennie en réduisant l'insolation de 20 % sur cette période. L'intérieur des continents aurait

Figure 6.7. – Le paisible village de Chicxulub, à l'intérieur des terres. Proche du point zéro de l'impact, le village donna son nom au cratère. En langue maya, Chicxulub signifie « la queue du diable », un nom prédestiné pour une catastrophe qui dévasta la Terre. (Photo de l'auteur.)

souffert davantage que les régions océaniques, les chutes de température ayant pu y atteindre plusieurs dizaines de degrés.

Coup de froid et effet de serre

Lorsque poussières et aérosols se déposèrent et que l'atmosphère retrouva peu à peu sa transparence, le coup de froid dut s'estomper progressivement pour faire place à l'effet inverse : l'effet de serre.

Ce phénomène se déclenche lorsque l'atmosphère et le sol chauffés par le soleil ne parviennent plus à renvoyer leur énergie vers l'espace, parce que cette énergie infrarouge est bloquée par des gaz absorbants. On cite souvent le gaz carbonique comme agent principal de cette absorption thermique mais la vapeur d'eau est tout aussi efficace, ainsi que le méthane et certains oxydes nitriques.

Vapeur d'eau et gaz carbonique libérés par l'impact durent se tailler la part du lion dans la mise en route de l'effet de serre, assistés par les oxydes nitriques nouvellement créés. Si la vapeur d'eau dut se condenser en l'espace d'un mois, le gaz carbonique assura à lui seul la pérennité du désordre climatique, grâce à une présence atmosphérique durable renforcée par deux facteurs. D'une part, des réserves supplémentaires de gaz carbonique auraient été relâchées des océans vers l'atmosphère, les planctons et autres micro-organismes exterminés dans les eaux marines ne jouant plus le rôle de « fixeurs ». D'autre part, un important supplément de gaz carbonique aurait été généré par les feux de forêt : d'après la masse de suie estimée dans la couche K/T, la combustion de matière organique en aurait insufflé près de dix milliards de tonnes dans l'atmosphère.

Basés sur ces chiffres, les modèles proposent une hausse de la température de l'air de 10 °C, hausse qui put durer plusieurs milliers d'années. En effet, une fois injecté dans l'atmosphère, le gaz carbonique ne dispose plus du balancier de la biosphère – passablement affaiblie – pour l'en extraire et faire baisser sa concentration. L'effet devient alors persistant. Les modèles de John O'Keefe et Thomas Ahrens (1989) suggèrent un effet de serre sur près de 10 000 ans, estimations qui coïncident avec les indices géochimiques : les microfossiles des premières couches du Tertiaire signalent en effet, à travers les rapports isotopiques de leurs atomes de carbone, une concentration accrue de ce gaz dans l'atmosphère sur de telles durées [9].

Les effets de l'impact finirent par s'estomper au bout de quelques dizaines de milliers d'années, laissant la biosphère

---

9. Les rapports isotopiques d'oxygène dans ces mêmes microfossiles suggèrent une température plus chaude de quelques degrés dans les océans, confirmant qu'un effet de serre aurait suivi la brève vague de froid.

Figure 6.8. – L'éruption du volcan Rabaul en Nouvelle-Guinée, photographiée en septembre 1994 par la Navette spatiale. Le nuage éruptif s'étend en une épaisse couverture dans la basse atmosphère : il est constitué principalement de vapeur d'eau et de gaz carbonique, mêlé de poussières et de dioxyde de soufre. Le refroidissement atmosphérique dû à ces poussières et autres aérosols a servi de modèle pour extrapoler les effets climatiques causés par l'impact, autrement plus polluant, du Chicxulub. (NASA.)

retourner à la reconquête du terrain perdu et à la recherche d'un nouvel équilibre.

Sélectivité des extinctions

Nous avons vu comment on peut évaluer les effets destructeurs de l'impact du Chicxulub à partir des indices géochimiques du sol – iridium, carbone de combustion, variations isotopiques. On peut aussi aborder le problème d'un autre angle, en cherchant dans le registre fossile quelles espèces vivantes ont été ravagées et lesquelles ont survécu, ce qui peut nous éclairer sur la nature des agressions.

La Terre avant l'impact était essentiellement un écosystème en équilibre, peuplé de dix à vingt millions d'espèces différentes – chaque espèce étant forte elle-même de milliers ou de millions d'individus. Comme à toute époque, ces espèces étaient exposées à un taux d'extinction « ambiant », certaines disparaissant au hasard des accidents et des compétitions, alors que d'autres perduraient ou se diversifiaient.

Lors de l'impact, au niveau de la couche K/T, nous avons vu que la situation changea du tout au tout. En quelques jours, voire quelques heures pour les plus infortunées, et en quelques mois à quelques années pour les plus endurantes, trois quarts de toutes les espèces vivantes furent exterminées jusqu'au dernier sujet.

Dans l'océan, ce furent d'abord les planctons et autres micro-organismes qui disparurent et notamment les foraminifères – protozoaires de taille millimétrique, avec une charpente (test) bâtie en calcaire. Leur extermination est explicable tant par l'obscurité les privant de photosynthèse que par l'acidité et la température perturbées des eaux de surface. Seules quelques espèces naines, répandues dans tous les océans (et donc les mieux adaptées aux changements de température de l'eau) connurent assez de survivants pour repeupler la mer dévastée quand les conditions s'améliorèrent.

Les micro-organismes marins vivant sur le fond des mers connurent un taux d'extinction moindre : peu d'espèces « benthiques » disparurent à la limite K/T. Non seulement ces espèces benthiques ne dépendaient pas de la photosynthèse, mais elles étaient protégées par des dizaines, voire des centaines de mètres d'eau des effets nocifs de surface, comme les changements brusques de température et la montée de l'acidité. Au contraire, les organismes du fond marin reçurent un flux accru de nourriture, sous la forme d'organismes morts « pleuvant » depuis la surface.

Si les micro-organismes représentent la plus grande part de la faune et de la flore marines, les espèces plus évoluées et de plus grande taille souffrirent tout autant, sinon plus, comme en témoigne l'extinction de la majorité des espèces de poissons, et de la totalité des ammonites, mosasaures (sortes de gros lézards) et crocodiles marins.

Sur la terre ferme, le groupe des dinosaures fut exterminé tout entier et les reptiles gravement touchés, alors qu'amphibiens et mammifères primitifs connaissaient un massacre moindre, la moitié des espèces parvenant à survivre.

Quels critères de sélectivité jouèrent dans ce passage au crible du monde vivant? Comment survit-on à un impact, en tant qu'espèce? Plusieurs paramètres viennent à l'esprit, qui ont dû jouer un rôle dans la complexité du motif d'extinction et de survie.

En premier lieu la taille de la population concernée apparaît fondamentale. Les espèces supérieures qui ne comptent que quelques milliers d'individus sont appelées à souffrir beaucoup plus que des espèces qui en comptent des millions – à pourcentage de mortalité égal. Une espèce de dinosaure qui ne compterait que 2 000 individus et en perdrait 90 % lors de l'impact aura beaucoup de mal à redresser la population de son espèce à partir de seulement 200 survivants – surtout dans des conditions de *stress* ne favorisant pas la reproduction sexuelle. En revanche si sur le million de sujets que compte une espèce de libellule, 90 % sont massacrés, il en restera tout de même 100 000 après le drame, ce qui donne à l'espèce de bien meilleures chances de se reproduire et de reconstituer sa population.

Le rang des espèces au sein de la chaîne alimentaire est également déterminant. L'extinction d'une espèce entraînera celle des espèces supérieures qui en dépendent pour leur alimentation. Cette situation est amplifiée par le fait que les espèces supérieures se nourrissent d'une grande quantité des espèces inférieures dont ils dépendent, alors que les petits animaux à la base de la pyramide sont beaucoup plus efficaces dans leur alimentation et se contentent de peu. On s'attend donc à ce que les animaux les plus gros soient les plus touchés par les extinctions, ce qui est effectivement le cas lors de la crise K/T : toutes les espèces terrestres dont les individus dépassaient 20 kg (et notamment tous les dinosaures) disparurent sans exception.

Le régime alimentaire des différentes espèces eut lui aussi son importance. Dans la loterie de l'extinction, être herbivore revenait à un mauvais tirage : avec une nuit longue de trois mois et un blocage de la photosynthèse plus long encore, la famine était au rendez-vous. Quant aux carnivores, ils n'étaient guère mieux lotis : pour ceux qui survécurent aux premiers effets de l'impact, la disparition des herbivores dont ils se repaissaient les condamnait eux aussi à la famine. En fait, comme nous allons le voir, la moins mauvaise solution pour un animal constituait à être omnivore ou charognard...

Le bunker des survivants

Ainsi on imagine deux ou trois « stratégies » qui ont pu favoriser la survie de certaines espèces à la limite Crétacé/Tertiaire.

Un premier avantage qui peut jouer est la méthode de reproduction. Les « capsules de survie » que constituent les graines des plantes, spores et œufs à haute résistance peuvent traverser des périodes de catastrophes longues de plusieurs mois à plusieurs années. De même les espèces qui donnent naissance à des individus déjà formés peuvent l'emporter sur celles qui connaissent une phase larvaire fragile[10].

Un deuxième avantage potentiel concerne le degré d'indépendance d'une espèce par rapport à la chaîne alimentaire classique. Ainsi peut-on expliquer le remarquable taux de survie des animaux d'eau douce, notamment les poissons, amphibiens et crocodiles. L'écosystème des lacs et des rivières est en effet très différent des écosystèmes

---

10. Dans nombre d'espèces marines, la phase larvaire a tendance à se dérouler dans les eaux de surface, qui fut l'un des milieux les plus sinistrés de la crise K/T.

marins et terrestres. Alors que ces derniers sont basés sur la production primaire (algues et phytoplanctons, feuilles et autres plantes), le milieu d'eau douce survit principalement grâce aux détritus organiques apportés par ruissellement depuis les berges environnantes. L'arrêt de la photosynthèse ne l'aurait donc pas affecté de manière immédiate, les déchets ayant dû perdurer des mois, voire des années.

Un troisième scénario de survie nous intéresse tout particulièrement car ce furent nos ancêtres mammifères qui durent en bénéficier : il s'agit de l'effet « bunker ». En effet, de même que les animaux des grands fonds marins furent relativement épargnés par l'impact[11], les petits mammifères fouisseurs qui vivaient dans des terriers profitèrent d'une isolation thermique qui les protégea partiellement de l'effet rôtissoire des ejecta et aussi de la vague de froid qui lui succéda : à trente centimètres de profondeur dans un terrier, la chaleur interne de la Terre dut en effet maintenir la température au-dessus du point de gel tout au long de la longue « nuit » qui suivit l'impact.

Les petits mammifères de terrier surent profiter de deux avantages supplémentaires lors de la crise K/T. D'une part nombre d'entre eux étaient nocturnes : l'arrivée d'une nuit longue de deux à six mois n'était pas pour leur déplaire. Alors que les dinosaures qui avaient survécu les premiers effets de l'impact devaient trébucher dans la nuit noire, sans pouvoir localiser leur nourriture déclinante, les mammifères nocturnes n'ont eu aucun mal à trouver leur pitance. Les plus fortunés furent les omnivores qui se nourrissaient de graines, d'insectes et de charognes : pour ces espèces au régime peu spécialisé, le rationnement fut beaucoup moins sévère.

De l'une de ces lignées de mammifères rescapés est issue, au bout de soixante-cinq millions d'années d'évolution, l'espèce humaine. Saurons-nous aussi bien tirer notre épingle du jeu lors de la prochaine extinction ?

---

11. Plus de 75 % des espèces abyssales ont survécu à la crise K/T.

Chapitre 7
Impacts et extinctions

Le monde mit longtemps à se remettre de la crise fini-crétacée. L'impact du Chicxulub fit plus qu'anéantir la majorité des espèces vivantes : il fit aussi considérablement chuter les populations des espèces rescapées, de telle sorte que la Terre après l'impact était littéralement dévastée. Dans les océans cet effondrement spectaculaire de l'activité biologique dura des centaines de milliers d'années si l'on en croit les sédiments : il est marqué dans les strates du début du Tertiaire par une chute prononcée du taux en carbonate de calcium et en fossiles (voir figure 2.3, p. 26).

On peut imaginer durant cette période des océans à peu près vides de vie, le peu de plancton rescapé nourrissant une faune marine des plus réduites. Ken Hsü, dans son analyse de la chute du carbonate de calcium après les grandes extinctions, n'hésite pas à parler d'un océan « Folamour »[1], par référence au film de Kubrick où il est question d'une guerre nucléaire. Les chercheurs estiment que les océans mirent de 200 000 à 500 000 ans à revenir à leur niveau de productivité d'avant la crise, voire un million d'années dans les biozones les plus touchées.

Le caractère relativement récent de cette crise Crétacé/Tertiaire – et la profusion de coupes sédimentaires complètes et détaillées – a donc permis de recenser nombre d'informations sur les causes du drame, comme on l'a vu tout au long de ce livre, et de suivre dans le détail le réta-

---

1. *Strangelove ocean* en anglais.

blissement de la biosphère. Le synchronisme démontré et la responsabilité engagée de l'impact du Chicxulub dans cette grande extinction ouvre aussi sur des considérations d'ordre plus général. Qu'en est-il par exemple des autres extinctions en masse dans le registre de la vie sur Terre ? Peuvent-elles être dues, elles aussi, à des impacts ?

Vers une théorie des impacts

À partir du moment où il est établi qu'un cratère d'impact de 180 km de taille a causé une extinction d'environ 70 % des espèces vivantes, on peut s'interroger si tout impact de cette taille mènera au même résultat. Quels effets auront les impacts de taille inférieure, et sous quel seuil leur pouvoir destructeur n'aura-t-il plus qu'un effet régional plutôt que planétaire ?

Cette question est relativement complexe dans la mesure où deux impacts d'une même magnitude peuvent avoir des effets différents selon l'angle d'impact (couplage d'énergie plus ou moins prononcé avec l'atmosphère), la latitude du point touché (qui influe sur la circulation éolienne et marine des perturbations), son environnement hydrogéologique (impact en mer ou sur terre) et son effet de cible (nature de la roche pulvérisée, richesse en carbone et en soufre). On peut ajouter à cette liste le degré de stabilité de la biosphère au moment de l'impact, c'est-à-dire à quel point l'environnement se trouve déjà stressé par d'autres facteurs auxquels le « coup de grâce » cosmique se combine.

En faisant abstraction des complications suscitées, les théoriciens estiment qu'il faut un impact de 10^{23} joules (10 millions de mégatonnes TNT) pour causer des massacres et des extinctions planétaires : c'est en effet à partir de ce seuil que la masse d'ejecta cause un échauffement global sévère lors de sa dispersion dans l'atmosphère, suivi d'un obscurcissement de longue durée. Un tel impact de 10^{23} joules se traduit au sol par un cratère d'environ 150 km de diamètre.

Cette évaluation théorique trouve quelque soutien dans le fait que la fréquence des impacts de l'ordre de 150 km sur Terre est d'un événement tous les 100 millions d'années environ[2], ce qui est en accord avec la fréquence des grandes extinctions en masse du registre fossile (également une moyenne d'un événement tous les 100 millions d'années).

Il ne faut pas perdre de vue cependant qu'en sus des cinq extinctions principales, d'autres extinctions en masse plus modestes ont eu lieu – un total de 24 selon le recensement des extinctions marines de Jack Sepkoski. Or, traduite en termes d'impact, une fréquence de 24 événements en 500 millions d'années serait celle de cratères supérieurs à 80 km de taille. On serait donc plutôt tenté de fixer à 80 km le seuil où un impact peut avoir un effet néfaste sur l'environnement, le chiffre de 150 km étant réservé aux cinq plus grandes extinctions.

Les extinctions au crible

Le bien-fondé de cette correspondance générale entre extinctions et impacts cosmiques peut être testé en examinant le registre sédimentaire de chaque crise biologique à la recherche d'indices d'impact : anomalies d'iridium et autres indices géochimiques, minéraux choqués, tectites, ejecta et astroblèmes.

Ce grand recensement sur 500 millions d'années n'est pas simple : en ce qui concerne les extinctions les plus anciennes, notamment, des processus variés ont eu le temps d'effacer ou de brouiller les indices géochimiques, mélanger les minéraux choqués au sein de grains non choqués et ainsi de suite. Certains niveaux d'extinction sont d'autre part mal corrélés entre différents sites et rendent les correspondances

---

2. La fréquence des impacts sur Terre et la distribution de leurs tailles sont d'abord estimées à partir des astroblèmes jusqu'ici recensés sur la planète, ensuite grâce au registre correspondant de cratères sur la Lune, et enfin en étudiant les flux postulés d'astéroïdes et de comètes au voisinage de la Terre.

temporelles entre indices d'autant plus difficiles. Mais en dépit de ces obstacles, des indices d'impact commencent à être reconnus pour nombre d'extinctions en dehors de la célèbre crise K/T.

En préambule, il est bon de noter qu'à ses tout premiers balbutiements, la vie a dû subir de nombreux impacts. Nous avons déjà parlé des grands cratères de Vredefort en Afrique du Sud et Sudbury en Ontario, qui mesurent respectivement 300 et 250 kilomètres de diamètre (d'après les dernières estimations) et sont âgés de 2,02 et 1,85 milliards d'années. Or il se trouve que la vie a connu de grands bouleversements autour de cette barre fatidique des deux milliards d'années : l'avènement de la cellule à noyau (progrès majeur par rapport aux cellules indifférenciées qui l'avaient précédée) ; essor de la photosynthèse relâchant des quantités massives d'oxygène dans l'environnement ; et arrangement des cellules isolées en « paquets » multicellulaires, ouvrant la voie à l'évolution d'organismes complexes.

Comment ne pas noter la coïncidence entre la salve d'impacts dévastateurs et cette triple révolution du monde vivant ? Vredefort et Sudbury auraient-ils pu servir de catalyseurs, en massacrant les populations de bactéries primitives et en faisant place nette pour l'émergence de nouveaux motifs d'évolution dans un environnement « remis à zéro » ? On peut toujours spéculer, mais force est de reconnaître qu'il s'agit d'une époque bien reculée, où preuves et indices seront durs à trouver. Entre-temps, les chercheurs ont fort à faire pour déchiffrer les aventures plus récentes du monde vivant.

Le premier événement sur lequel les chercheurs comme Ken Hsü, Digby McLaren et Michael Rampino se sont penchés est l'explosion de la diversité de la vie au début du Cambrien (limite Précambrien-Cambrien) il y a environ 530 millions d'années. Cette transition d'un monde monotone de colonies cellulaires à un monde complexe de trilobites et autres organismes sophistiqués s'est apparemment déroulée en plusieurs étapes, dont la principale et dernière fut la floraison de multiples familles d'animaux marins à coquilles et l'apparition des premiers trilobites. Or on trouve à cette limite une importante anomalie d'iridium, notamment en Chine dans les strates des gorges du Yangtze, associée à une anomalie isotopique du carbone qui suggère une chute brutale de la productivité organique. Cet océan brutalement dépeuplé, que Ken Hsü appelle l'état « Folamour », précède immédiatement l'explosion de la diversité des espèces au début du Cambrien.

L'anomalie d'iridium, associée à cette brève mais intense fluctuation du carbone, peut être interprétée, avec prudence, comme étant le signe d'un impact à la limite Précambrien-Cambrien. Mais à l'heure actuelle, aucun astroblème ne date de cette limite. On aura soin de noter toutefois qu'une grande structure d'impact lui est légèrement antérieure : l'astroblème d'Acraman en Australie, large de 160 km et d'un âge voisin de 600 millions d'années, joua sans doute un rôle important dans les balbutiements de l'aventure biologique à la fin du Précambrien[3].

La fin de l'Ordovicien

Le second événement par ordre chronologique qui marque l'évolution de la vie sur Terre est l'extinction en masse de la fin de l'Ordovicien[4] il y a 440 millions d'années. Première des cinq grandes extinctions en masse du registre fossile, elle est pratiquement de même magnitude – en nombre d'espèces touchées – que la crise K/T.

Cette grande extinction de l'Ordovicien s'est apparemment déroulée en plusieurs temps et a éliminé plus de la moitié des espèces marines (la vie n'avait pas encore pris

---

3. Notons en particulier que les ejecta d'Acraman en Australie reposent juste dessous (et donc précèdent) les gisements fossiles d'Ediacara – première ébauche d'une vie évoluée à la fin du Précambrien.
4. L'Ordovicien, qui suit le Cambrien, est la période qui s'étend de 500 à 440 millions d'années quand la vie – toujours cantonnée dans les mers – connaît prospérité et diversité. L'extinction de la fin de l'Ordovicien est aussi connue sous le nom de sa subdivision stratigraphique supérieure où la crise se focalise : l'Ashgillien.

pied sur terre), tranchant à travers toute la gamme des planctons et des algues flottantes, bivalves et coraux, trilobites et poissons cuirassés. Trois pulsions d'extinctions se seraient succédé sur un intervalle de moins de 500 000 ans, dont la dernière, qui a particulièrement affecté les écosystèmes coralliens, est marquée dans les sédiments par une anomalie isotopique du carbone traduisant l'effondrement massif de la biosphère océane.

Ce dernier niveau contient aussi et surtout une anomalie d'iridium découverte dans les échantillons du Canada, de Chine et d'Écosse : si cette anomalie est bien prouvée comme étant d'origine cosmique (la preuve en sera difficile car les proportions atomiques à vérifier sont altérées dans d'aussi vieux sédiments), alors cette première grande extinction serait associée, du moins dans sa phase terminale, à un impact d'envergure planétaire. Pour l'instant aucun autre marqueur cosmique n'a été découvert à la fin de l'Ordovicien : spinelles, tectites et minéraux choqués manquent à l'appel. Aucun astroblème de grande taille ne date non plus de l'époque : seuls trois petits cratères sont connus sur la période de 500 à 400 millions d'années, à savoir Strangways (24 km) en Australie, Pilot Lake (6 km) et Brent Crater (4 km) au Canada. La coïncidence veut que tous trois soient proches, voire synchrones de l'extinction, en particulier Pilot Lake daté à 440 ± 2 millions d'années. Bien qu'apparemment incapables, de par leur petite taille, d'avoir causé des massacres planétaires, on peut légitimement se demander si ces cratères ne feraient pas partie d'une salve d'impacts dont on n'aurait pas encore retrouvé l'astroblème principal[5].

---

5. Ne perdons pas de vue non plus que deux impacts sur trois ont lieu en mer et que pour des périodes aussi anciennes que l'Ordovicien, tout le fond océanique de l'époque a disparu.

La fin du Dévonien

Si la crise de la fin de l'Ordovicien ne porte qu'une discrète trace chimique d'ingérence cosmique, celle de la fin du Dévonien, il y a 370 millions d'années, présente des indices d'impact beaucoup plus évidents.

Connue sous le nom de limite F/F, car elle est liée au passage des strates du Frasnien à celles du Famennien, cette grande extinction affecte tant les planctons, coraux, éponges et trilobites que les poissons cuirassés dont les dernières espèces sont exterminées. À nouveau la limite est marquée par une disparition abrupte de pratiquement toutes les espèces de plancton et une nette anomalie de carbone, marqueurs d'un effondrement général de la productivité des océans. Sur la terre ferme, que la vie a commencé à coloniser à l'époque, la végétation fut également touchée, ainsi que les premiers animaux tétrapodes comme les amphibiens.

Cette crise du Frasnien/Famennien est tellement brusque que pour l'expliquer le paléontologue Digby McLaren proposa un impact cosmique dès 1970, dix ans avant que l'équipe des Alvarez n'en propose un pour la crise K/T. Une analyse détaillée des dernières couches du Frasnien a révélé depuis d'indiscutables marqueurs cosmiques : plusieurs pics d'iridium furent découverts en 1990 par Orth et Wang en Australie et en Chine, ainsi que deux couches de sphérules vitreuses, identifiées comme des microtectites d'impact. Dans le bassin de Dinant en Belgique, Philippe Claeys et Jean-Georges Casier décrivent une première couche de ces sphérules deux centimètres seulement au-dessus de la limite « officielle » de l'extinction. En Chine, une seconde couche de sphérules indique un autre impact cosmique, moins d'un million d'années après le premier, ce qui soulève la possibilité que certaines vagues d'extinctions soient dues à des impacts multiples.

Si l'on consulte la liste des astroblèmes terrestres, on est frappé de noter que sur les quatre cratères connus dans l'intervalle 400 à 300 millions d'années, trois sont rassem-

Figure 7.1. – Les géologues ont aujourd'hui conscience que les grands impacts océaniques peuvent être identifiés sur la foi de dépôts de raz de marée préservés dans le registre sédimentaire. Ici, sur le site K/T de Mimbral au Mexique, un banc d'un mètre de débris à gros grain (en bas, indiqué par la géologue) surmonté par deux mètres de sable et d'argile fin (bancs plus lisses, en haut) témoignent de la séquence complexe du tsunami. (Photo de l'auteur.)

blés autour de la limite F/F (365 millions d'années), à savoir : le petit (15 km) cratère de Kalouga en Russie, daté à 380 ± 10 millions d'années, et surtout Charlevoix au Québec (46 km) et Siljan en Suède (52 km), âgés respectivement de 360 ± 25 et de 368 ± 1 millions d'années. Bien que la magnitude de ces impacts paraisse à nouveau trop modeste pour avoir joué un grand rôle dans les perturbations catastrophiques observées à la limite F/F, la coïncidence des âges (surtout dans le cas de Siljan) semble trop improbable pour être fortuite.

Peut-être, comme on l'a postulé pour l'extinction de l'Ordovicien, ces astroblèmes ne sont que les cicatrices conti-

Figure 7.2. – Détail des dépôts tsunamis de Mimbral au Mexique : les argiles contiennent d'importants débris végétaux (on note la trame fossilisée de la cellulose) arrachés à la côte lors du raz de marée. (Photo de l'auteur.)

nentales d'un bombardement plus important qui eut lieu surtout en mer et dont les astroblèmes ont été détruits avec les fonds océaniques de l'époque dans les fosses de subduction. Cette hypothèse est d'autant plus attrayante que des preuves tangibles de tsunamis ont été découverts autour de la limite Frasnien/Famennien, notamment sous la forme de dépôts chaotiques dans les sédiments d'Europe, de Chine, d'Australie et d'Amérique du Nord.

En Amérique du Nord notamment, les roches du Nevada recèlent une spectaculaire couche de blocs mélangés pêle-mêle, épaisse d'une centaine de mètres, qui témoigne d'un ébranlement catastrophique. Prédatant la limite F/F de trois millions d'années environ, cette brèche de l'Alamo, que l'on attribue à l'effondrement sous-marin de centaines de kilomètres cube de sédiments, contient de l'iridium et des quartz choqués. Preuves d'un impact, ces derniers ont été formellement identifiés au microscope par les physiciens Hugues Leroux et Jean-Claude Doukhan de l'université de Lille.

La fin du Dévonien, marquée de plusieurs vagues d'extinctions, regorge ainsi de preuves d'impact et de cratères associés, étayant la thèse que des impacts d'astéroïdes et de comètes peuvent être groupés en rafales sur d'assez courts intervalles de temps, et perturber la biosphère selon un processus à répétition. Après la célèbre crise du Crétacé, celle du Dévonien est la seconde extinction en masse à porter la signature convaincante d'un bombardement cosmique.

La seule autre petite extinction en cette fin de l'ère primaire fut celle qui marqua la fin du Carbonifère, il y a environ 290 millions d'années. Cette limite n'a pas encore été passée au peigne fin pour y chercher des indices cosmiques mais on ne peut manquer de noter que le seul astroblème reconnu dans une enveloppe de cent millions d'années autour de la crise est le cratère double des Clearwater Lakes au Québec (36 et 26 km de diamètre, voir figure 4.7) qui est justement daté à 290 ± 20 millions d'années. Encore une coïncidence qui n'en est peut-être pas une...

La fin du Permien

Troisième des cinq grandes extinctions du monde vivant, celle qui marque la fin du Permien et le début du Trias (crise P/Tr) est de loin la plus spectaculaire. On estime que 90 % des espèces vivantes, tant marines que terrestres, disparurent – un chiffre plus impressionnant encore que les 70 % de perte à la limite K/T[6].

Dans le détail, le milieu marin est le plus touché : 95 % des espèces disparaissent. Dans le milieu terrestre en pleine

---

6. Si on évalue le nombre d'espèces à la fin du Permien à quelque vingt millions, ce chiffre de 90 % représente la disparition de dix-huit millions d'espèces, chacune perdant tous ses membres jusqu'au dernier. Seuls deux millions d'espèces eurent des survivants.

expansion, une bonne moitié des espèces d'amphibiens succombent. Quant aux reptiles qui venaient de connaître une belle floraison en cette fin de l'ère Primaire, 89 genres sur 90 sont exterminés et il leur faudra reprendre, presque à zéro, la conquête des continents. Le monde végétal connaît aussi un massacre planétaire, ainsi que les insectes dont le tiers des espèces disparaissent, un second tiers ne survivant qu'avec des populations extrêmement réduites.

La grande crise du Permien qui met fin à l'ère Primaire a été longtemps considérée par les paléontologues comme progressive et étalée sur plusieurs millions d'années. Cette vue est en train de changer : les études stratigraphiques les plus fines montrent que la limite P/Tr est marquée par deux nettes anomalies du carbone et de l'oxygène dans les sédiments marins, chaque événement semblant durer bien moins de 100 000 ans. La crise marine est dupliquée sur la terre ferme par la disparition soudaine du pollen floral dans les strates, remplacé par une explosion de spores de thallophytes – champignons et autres moisissures non chlorophylliennes qui vivent principalement de détritus organiques.

Tant dans les carottes forées dans les strates permiennes des Alpes que sur les affleurements de la limite P/Tr en Inde et en Chine, deux larges anomalies d'iridium apparaissent de concert avec les anomalies du carbone, suggérant des impacts. Le chercheur chinois Dao-Yi a même découvert dans la province du Meishan une couche de microsphérules associée aux anomalies isotopiques. Pour couronner le tout, en 1996, Gregory Retallack de l'université de l'Oregon a signalé la présence de quartz choqué à la limite P/Tr, tant en Australie qu'en Antarctique. Ces grains de quartz sont de petite taille, ce qui porte à croire qu'ils proviennent de sédiments marins plutôt que du socle continental.

À ces indices cosmiques, notons encore que le seul astroblème de taille identifié sur les quelque 70 millions d'années qu'ont duré le Permien et le Trias est justement synchrone de la limite P/Tr : daté à 247 ± 5 m.a., cet astroblème d'Araguinha au Brésil est large de 40 km. Trop petit pour avoir eu un impact autre que régional, sa coïncidence avec la limite P/Tr est intrigante. Comme site d'impact principal, Michael Rampino suggère le plateau océanique des Malouines, au large des côtes de l'Argentine, qui porte deux structures circulaires, chacune large d'environ 300 km, dont les roches portent la trace d'un événement métamorphique important qui les a affectées il y a 250 millions d'années.

Notons aussi qu'un événement volcanique majeur a lieu à la limite P/Tr : les trapps de Sibérie. Pressentie par Officer, Drake, et Vincent Courtillot, cette seconde correspondance d'un trapp avec une grande extinction est plus remarquable que celle du Deccan avec la crise K/T. En effet, la séquence volcanique de Sibérie est encore plus volumineuse, plus brève et plus nettement synchrone. Les trapps de Sibérie s'étendent ainsi en sandwich entre les derniers sédiments du Permien et les premiers du Trias : l'équipe de Paul Renne à Berkeley a daté le début de l'éruption à 250,0 ± 1,6 millions d'années et la limite P/Tr en Chine à 250,0 ± 0,2 millions d'années.

On se souvient (voir chapitre 3) que dans le cas de la crise K/T, les éruptions du Deccan avaient commencé plusieurs millions d'années avant l'impact du Chicxulub, sans causer d'extinctions remarquables durant cette période jusqu'à ce que survienne l'impact. Pour les trapps de Sibérie on est tenté de donner aux éruptions une plus grande part de responsabilité dans les extinctions : les éruptions y furent apparemment concentrées sur un très court laps de temps et 20 % des dépôts sont des cendres et autres dépôts pyroclastiques qui relèvent de fontaines de lave et autres projections explosives ayant pu polluer l'atmosphère.

La latitude élevée du lieu d'éruption aurait pu également contribuer à une détérioration du climat, comme l'ont noté Paul Renne et son équipe, car la limite de la stratosphère est plus basse aux hautes latitudes qu'à l'équateur, ce qui veut dire qu'une éruption a plus de facilité à y injecter des poussières et autres aérosols. Enfin le bombement de la croûte continentale en Sibérie sous la poussée du panache de magma aurait pu constituer un large relief capable d'accumuler les précipitations neigeuses et créer un inlandsis, augmentant l'albedo de la Terre et faisant chuter la température.

Une direction à explorer serait de se demander si le volume et la rapidité de l'épanchement des trapps de Sibérie n'aurait pas été causés par un très grand impact sur place ou aux antipodes (par exemple sur le site des Malouines proposé par Rampino). Autant l'impact du Chicxulub n'était pas de taille d'après les calculs à déclencher aux antipodes indiens les éruptions du Deccan – éruptions qui de toute façon avaient commencé bien avant –, autant un très grand impact de la taille préconisée par Rampino (astroblème de 250 à 300 km) à la limite P/TR pourrait à la fois expliquer l'ampleur des extinctions et focaliser en Sibérie une énergie suffisante pour ouvrir des fractures dans un bombement de point chaud qui ne demandait qu'à s'épancher.

Pics d'iridium et sphérules d'une part, trapps volcaniques exceptionnels de l'autre, la grande extinction qui marque la fin de l'ère Primaire est promise à autant d'ardentes discussions que la crise K/T.

Premiers émois chez les dinosaures

La grande extinction de la fin du Permien débouche sur une nouvelle ère, le Secondaire, quand la Terre se repeuple progressivement d'une grande variété d'espèces. Pratiquement exterminée à la limite P/TR, la branche des reptiles refleurit, ainsi que les souches de ces nouvelles branches évolutives que sont dinosaures et mammifères. Dans l'océan le foisonnement et la diversité de la vie reprennent également.

Au début de cette ère Secondaire, dans la période appelée Trias, on note qu'une « petite » extinction en masse a lieu il y a 225 millions d'années – l'événement du Carnien, qui voit disparaître 40 % des espèces marines – et on ne peut s'empêcher de remarquer qu'elle coïncide avec l'impact du Puchezh-Katunki, en Russie, cratère de 80 km de taille et daté à 220 ± 10 millions d'années. Mais c'est surtout à la fin du Trias qu'a lieu la quatrième des cinq grandes extinctions du monde vivant : la limite Trias/Jurassique, datée à 205 millions d'années.

Connue aussi sous le nom de grande extinction du Norien, cette crise qui débouche sur le Jurassique vit un nouveau massacre brutal du plancton et la disparition de nombreux grands vertébrés qui dominaient jusque-là l'écosystème marin – ichtyosaures et surtout placodontes qui disparaissent jusqu'au dernier. Sur la terre ferme on observe une extinction des vertébrés très nette en Amérique du Nord, accompagnée d'une extinction végétale massive : les pollens sont brusquement remplacés par des spores de fougères.

À cette limite Trias/Jurassique les indices d'impact sont nombreux : à une petite anomalie d'iridium (notée dès 1990 par McLaren et Goodfellow) s'ajoutent en effet trois niveaux contenant du quartz choqué, découverts par Bice *et al.* en 1992 en Italie. Très proches les uns des autres, ces niveaux trahissent un ou plusieurs impacts rapprochés. Un suspect tout trouvé saute d'ailleurs aux yeux des chasseurs d'astroblèmes : le cratère de 100 km de diamètre de Manicouagan au Québec (voir figure 7.3), qui accuse un âge de 212 ± 2 millions d'années. Il reste à prouver qu'il est exactement contemporain de l'extinction (par exemple, que les minéraux choqués à la limite Trias/Jurassique ont des affinités chimiques avec le bouclier canadien) mais la coïncidence grossière est déjà remarquable en soi[7].

Les premières espèces de dinosaures qui peuplaient la Terre au Trias traversèrent tant bien que mal cette grande extinction. Lors du long règne de ces grands sauriens, plusieurs autres extinctions remarquables devaient suivre celle du Trias : celle du Pliensbachien, il y a 190 millions d'années, affecte principalement les océans de l'hémisphère nord (elle semble épargner les continents) alors que celle qui marque la fin du Jurassique, il y a 144 millions d'années,

---

7. Notons aussi qu'une éruption de type trapp a lieu près de la limite Trias/Jurassique dans le rift qui se creusait entre l'Amérique du Nord et l'Afrique. Toutefois cet épanchement volcanique suit plutôt qu'il ne précède l'extinction, au vu de la succession sédimentaire dans le bassin du New Jersey.

voit sans doute disparaître nombre de grands dinosaures comme les diplodocus et autres brachiosaures, bien que la rareté des fossiles lors de cette transition empêche de tirer des conclusions. Cette limite Jurassique/Crétacé est accompagnée d'une belle anomalie d'iridium dans les strates de Sibérie mais le cas est isolé, sans autres indices cosmiques. Notons toutefois qu'un astroblème de 80 km, récemment découvert en Chine, semble contemporain de l'extinction. Le « petit » impact de Gosses Bluff en Australie (22 km, voir figures 4.4 et 4.5) est également très proche de la limite (il est daté à 142,5 ± 0,5 millions d'années), ainsi surtout que l'astroblème sous-marin de Mjølnir dans la mer de Barents, dont l'âge est évalué à 144 millions d'années.

Effectuées dans le cadre de prospections pétrolières, des carottes forées à la périphérie de la structure sous-marine ont mis en évidence les ejecta du cratère contenant anomalie d'iridium et quartz choqués, et ont établi que leur niveau coïncide exactement avec la limite Jurassique-Crétacé, telle qu'elle est indiquée dans les sédiments environnants par un bouleversement des espèces d'ammonites et de bivalves. Le cratère de Mjølnir mesure 40 km de diamètre.

Apparemment l'extinction de la fin du Jurassique est due à une salve d'impacts car en sus de Gosses Bluff en Australie et Mjølnir en mer du Nord, il faut ajouter la découverte d'un astroblème contemporain en Afrique du Sud. Christian Koeberl de l'université de Vienne et ses collègues de Johannesburg ont analysé des carottes prélevées dans une structure circulaire enfouie, à proximité de Morokweng. Mesurant au moins 70 km de large sur les relevés magnétiques, la structure contient d'indiscutables fontes d'impact, riche en éléments météoritiques, dont les zircons prélevés accusent au laboratoire un âge de 146,2 ± 1,5 millions d'années (ou bien 144,7 ± 1,9 millions d'années, selon une autre méthode d'analyse des données), ce qui place Morokweng à la limite Jurassique-Crétacé.

Après ce double impact de Mjølnir/Morokweng, marquant la fin du Jurassique, les dinosaures et la biosphère en général sont relativement épargnés par les cieux pendant plusieurs

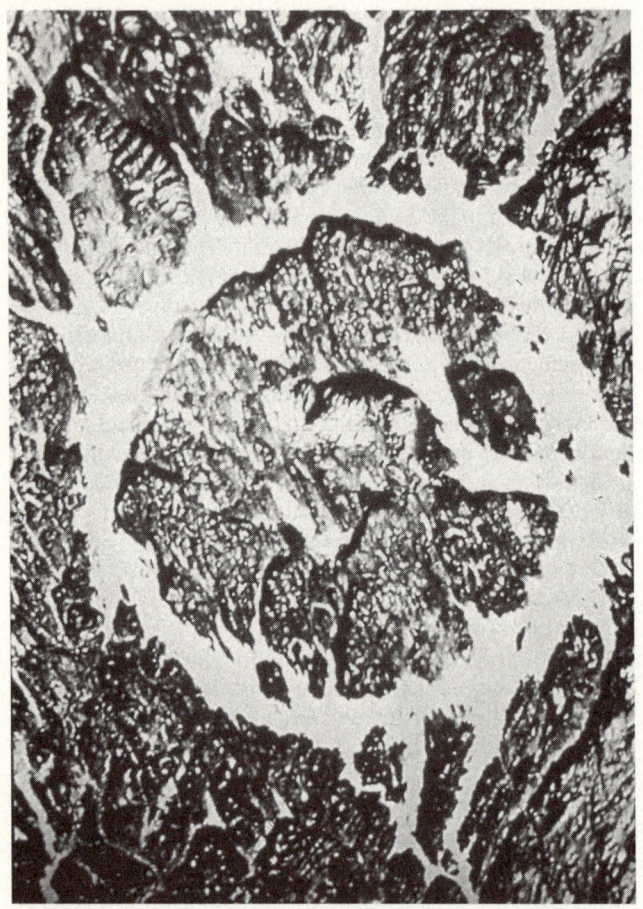

Figure 7.3. – Le cratère d'impact de Manicouagan au Québec, large de 100 km : il se compose d'un renflement central du socle granitique et d'une dépression en ceinture envahie par un lac de retenue (gelé en hiver). L'impact géant est daté à 212 millions d'années : il est contemporain de la grande extinction de la fin du Trias. (NASA.)

dizaines de millions d'années. Tout juste note-t-on la petite extinction du Cénomanien il y a 91 millions d'années, qui est à nouveau associée à des anomalies notables d'iridium. Finalement, juste avant la grande extinction K/T qui marque la fin du Crétacé et dont il a été question tout au long de ce livre, Dale Russell note un bouleversement régional de la faune en Amérique du Nord il y a 74 millions d'années, qui coïncide avec les dépôts de tsunami de l'impact de Manson (voir chapitre 4), impact qui percuta la mer intra-continentale de l'époque. Sans influence mondiale vue sa taille modeste (35 km), l'impact fut responsable selon Russell d'un changement régional de la faune tant terrestre que marine en Amérique du Nord : renouvellement des espèces de mosasaures (grands reptiles marins), crocodiles, dinosaures et mammifères, les espèces massacrées ayant apparemment été remplacées par d'autres populations émigrées des contrées épargnées et notamment d'Asie. Ce bouleversement est donc riche d'enseignements sur les effets d'un « petit » impact régional. Huit millions d'années plus tard, l'impact autrement plus puissant du Chicxulub devait apporter la funeste démonstration d'une extinction mondiale.

Les extinctions du Tertiaire

La crise K/T il y a 65 millions d'années fut la dernière des cinq grandes extinctions en masse reconnues par les paléontologues. Mais le monde vivant devait encore connaître nombre de bouleversements mineurs. Ainsi une extinction en masse marque la limite Éocène/Oligocène, il y a environ 35 millions d'années.

Cette crise paraît s'être déroulée en plusieurs étapes rapprochées, notamment dans le monde marin où l'on note quatre effondrements successifs du plancton – avec extinctions de gastropodes et autres bivalves – rassemblés en moins d'un million d'années. Sur la terre ferme, on note à cette époque charnière un changement accéléré des faunes de mammifères en Amérique du Nord et en Asie. En

Europe on note de même l'émergence de nouvelles espèces de carnivores et de rongeurs au lendemain de cette crise, ainsi qu'un changement marqué parmi les amphibiens et les reptiles, au point que certains paléontologues appellent cette transition la « grande coupure ».

Cette crise de la fin de l'Éocène est marquée de nombreuses preuves d'impact. Alessandro Montanari a trouvé une couche à iridium (jusqu'à 4 ppb de concentration) dans les sédiments de l'époque, et Aron Clymer a mis en évidence des quartz choqués au même niveau (en Italie), niveau daté à 35,7 millions d'années. Deux couches de tectites – ces larmes de verre éparpillées par des impacts – se rencontrent également dans les strates de la fin de l'Éocène : une couche de microsphérules dans le Pacifique équatorial et l'océan Indien ; et une couche de tectites plus grosses sur la côte est des États-Unis, qui s'étend du New Jersey jusqu'aux Antilles.

La découverte des cratères d'impact associés n'a pas tardé. On connaissait déjà le Popigai en Russie, astroblème large de 100 km et daté à 36 ± 1 million d'années : cette vaste structure serait notamment la source des quartz choqués dispersés dans les sédiments d'Italie (les quartz italiens sont en effet identiques, d'un point de vue minéralogique, à ceux que l'on trouve en Russie sur le site du cratère). L'impact du Popigai aurait ainsi ouvert les hostilités à la fin de l'Éocène : nul doute qu'il a dû affecter tout particulièrement l'Europe et l'Asie.

Plus récente est la découverte d'un autre cratère d'impact datant de l'époque : l'astroblème de Chesapeake Bay, en aval de Washington D.C. Le géologue Wiley Poag et ses associés ont commencé par découvrir, dans les sédiments de la côte américaine, une couche de blocs rocheux entassés pêle-mêle, qui datait de la fin de l'Éocène et devait représenter un gigantesque raz de marée. En 1996, grâce à des profils sismiques quadrillant la région, ils ont alors mis en évidence la structure enfouie d'un cratère large de 90 km, ainsi qu'un petit cratère jumeau de 25 km un peu plus au nord, au large d'Atlantic City. La couche d'ejecta de ce double cratère est synchrone des dernières extinctions du monde marin (celles de planctons siliceux, appelés « radiolaires ») qui clôt la grande crise de l'Éocène.

Ces deux grands impacts rapprochés – Popigai en Russie et Chesapeake en Amérique du Nord – sont donc en toute probabilité la cause principale de la vague d'extinctions qui a marqué la biosphère de l'époque. On pense notamment qu'ils ont déclenché un refroidissement majeur de la planète, dont témoignent à la fois les anomalies isotopiques de l'oxygène dans les sédiments, ainsi que des débris glaciaires dans le sud de l'océan Indien (début de la glaciation du continent Antarctique). Cette crise de la fin de l'Éocène est relativement mineure si on la compare aux cinq grandes extinctions en masse que nous avons décrites précédemment, mais elle confirme qu'une crise commence à devenir planétaire lorsque des impacts creusent des cratères d'environ cent kilomètres de taille.

Deux autres extinctions mineures vont encore se dérouler avant l'époque actuelle. L'une affecte les mers au milieu du Miocène il y a 14 millions d'années : elle correspond à une anomalie d'iridium remarquée par Luis Alvarez en 1987, et pour laquelle on connaît déjà un petit cratère d'impact du bon âge (le cratère du Ries en Allemagne, large de 23 km et âgé de 15 ±1 millions d'années). L'autre marque la limite Pliocène/Pléistocène il y a 2,3 millions d'années : dans les sédiments de l'océan Antarctique elle est associée à un pic d'iridium, combiné à d'autres métaux rares en proportions cosmiques, comme l'a noté Frank Kyte dès 1981. Sont également présentes des microsphérules interprétées comme étant des ejecta d'impact. À cette limite Pliocène/Pléistocène le chercheur chinois H. Peng note également une couche de microtectites dans les carottes du Pacifique Nord, associée à une nette extinction du plancton, microtectites que notent également ses compatriotes Yuan et Wu dans les paléosols de la province chinoise de Shanxi. Cette dernière extinction du Pliocène/Pléistocène qui débouche sur la période actuelle est donc liée de façon convaincante à un impact.

Frank Kyte et ses collaborateurs ont fini par localiser le point zéro en 1997. Ils ont découvert dans le Pacifique Sud,

Figure 7.4. – Le chercheur américain Michael Rampino, qui nous montre ici un affleurement de la couche K/T, a recensé les grandes extinctions et les cratères d'impact qui ont marqué l'histoire de la Terre, pour tenter d'en dégager une synthèse et mettre en évidence un processus cyclique. (Photo Michael Rampino.)

au large de l'Antarctique, une couche de brèches d'impact, recouverte de sable et d'argile, qui ressemble en tout point à la séquence « tsunami » de la crise K/T. Aucun cratère n'est décelable sur le fond marin du point zéro – site baptisé « Eltanin » – car le projectile n'a dû mesurer que mille à trois mille mètres de diamètre et son énergie s'est surtout dissipée dans l'eau liquide, sans creuser de cuvette dans les roches sous-jacentes. Si l'impact s'était produit sur la terre ferme, il en aurait résulté un cratère d'une vingtaine à une soixantaine de kilomètres de taille. L'impact est sans doute responsable d'un bouleversement des courants marins, et du net refroidissement planétaire qui a débuté il y a 2,15 millions d'années – la célèbre période glaciaire qui a vu se succéder vagues de froid et brefs réchauffements jusqu'à l'époque actuelle.

À la recherche d'une synthèse

À l'heure de faire la synthèse, Michael Rampino et Bruce Haggerty notent que sur 24 extinctions en masse – grandes et petites – qui ont marqué l'histoire de la vie depuis 500 millions d'années, sept sont associées à d'irréfutables preuves d'impact (iridium, tectites, quartz choqués au niveau de l'extinction, voire les cratères-sources eux-mêmes) : celles du Frasnien/Famennien (fin du Dévonien) et du Dévonien/Carbonifère ; du Trias/Jurassique ; du Jurassique/Crétacé ; du Crétacé/Tertiaire ; de l'Éocène/Oligocène ; et du Pliocène/Pléistocène.

Au moins cinq autres extinctions portent des traces d'impact plus modestes qui, à défaut d'être concluantes, n'en sont pas moins suspectes : aube du Cambrien ; fin de l'Ordovicien ; crise Permien/Trias ; extinctions Callovienne et Cénomanienne.

Que la moitié, donc, des 24 extinctions étudiées soient associées (à quelques centimètres près dans les sédiments) à des traces d'impact est remarquable, d'autant plus que les recherches ne font que commencer et que d'autres indices pourraient voir le jour.

Dans l'autre sens aussi, la corrélation entre cratères d'impact et extinctions est remarquable. À la question de savoir si tous les grands cratères d'impact sont associés à des extinctions, Michael Rampino et Bruce Haggerty soulignent que tous les astroblèmes dépassant 80 km de taille sont contemporains – sinon synchrones – d'une grande extinction, du Puchezh-Katunki (80 km, extinction du Carnien) au Chicxulub (180 km, extinction K/T) en passant par le Manicouagan (100 km, extinction Trias/Jurassique)[8], le

---

8. Le cas du Manicouagan est discutable. Aux dernières nouvelles, le cratère est vieux de 212 ± 2 millions d'années, alors que la crise de la fin du Trias semble 7 millions d'années plus jeune (datée à 205 millions d'années). Si le décalage est réel, il y a problème. Je parierai plutôt que la datation du cratère (ou de l'extinction) est encore entachée d'une certaine imprécision qui fait temporairement diverger les chiffres, et qu'à l'avenir un synchronisme plus convaincant sera démontré.

Chesapeake et le Popigai (90 km et 100 km, extinction Éocène/Oligocène). On peut donc se hasarder à conclure que les cratères d'impact deviennent dévastateurs à une échelle planétaire à partir de 80 km de taille, comme nous en posions l'hypothèse en début de chapitre.

Reste à nous pencher sur le cas des trapps volcaniques, car on a vu que certains chercheurs – notamment Vincent Courtillot en France – les tiennent responsables des grandes extinctions. La majorité de ces grands épanchements coïncident en gros avec des extinctions en masse, à commencer par les trapps de Sibérie (extinction du Permien/Trias). Mais on notera que dans le détail, ces trapps sont souvent décalés par rapport aux extinctions : on a vu que les trapps du Deccan ont commencé des millions d'années avant la crise K/T sans extinctions notables. À l'inverse, les trapps de l'Atlantique Nord paraissent suivre l'extinction du Trias/Jurassique de plusieurs millions d'années plutôt que d'en être synchrones, ainsi que les grands trapps du Parana en Amérique du Sud qui paraissent bien postérieurs à la crise du Jurassique/Crétacé.

À mon opinion, les grands trapps volcaniques ont une périodicité qui est comparable à celle des grandes extinctions, mais il s'agirait là d'une coïncidence, les trapps n'étant pas, en général, une *cause* d'extinction. Il se trouverait simplement que les profondeurs du manteau terrestre prennent quelques dizaines de millions d'années à surchauffer et à déclencher un panache et des éruptions en surface, tout comme la probabilité d'un grand impact dévastateur est également de l'ordre de plusieurs dizaines de millions d'années.

Quant à la mise en phase approximative de ces deux cycles, peut-être les grands impacts ont-ils eu leur mot à dire en propageant des ondes de choc à travers le globe et en secouant, dans certains cas, des poches de magma qui ne demanderaient qu'à s'épancher. Ce fut peut-être le cas de l'impact géant (qui reste à confirmer) à la limite Permien/Trias, lequel aurait déclenché une grande extinction, et parallèlement « crevé l'abcès » des trapps de Sibérie. Ce fut peut-être le cas aussi de l'impact de la fin du Trias (Manicouagan ou autre cratère), où l'on a vu qu'une grande extinction est suivie (plutôt que précédée) par les trapps d'Amérique du Nord.

Dans cette optique, ces deux crises éruptives auraient été la conséquence – plutôt que la cause – d'une catastrophe planétaire, et n'y auraient donc pas joué de rôle moteur.

Histoires de cycles

Le recensement des extinctions, astroblèmes et autres trapps volcaniques a également donné lieu à un certain nombre de réflexions concernant leur fréquence d'apparition dans le registre géologique.

Il est toujours tentant de voir des cycles dans les événements que l'on recense : la nature elle-même est friande de cycles qui vont au-delà du hasard et qui ont pour origine des mécanismes tout à fait tangibles[9]. L'identification d'un cycle peut ainsi déboucher sur celle du mécanisme qui l'a généré. C'est avec cette idée en tête qu'A.G. Fischer et Michael Arthur en 1977, puis David Raup et Jack Sepkoski en 1984, ont noté un cycle dans le déroulement des extinctions en masse : celles-ci se produiraient en moyenne tous les 26 à 27 millions d'années[10].

Cette fréquence apparente (et discutée) a-t-elle une cause profonde ? On peut l'interpréter comme étant la simple probabilité d'un événement d'une taille donnée dans le temps, sans mécanisme régulateur autre que la loi des grands

---

9. Vincent Courtillot a développé une théorie intéressante sur la fréquence d'apparition des trapps volcaniques à la surface de la Terre, qu'il attribue à un cycle d'instabilités thermiques affectant en profondeur la limite noyau/manteau : ce cycle déclencherait à la fois l'ascension de panaches de magma et des inversions du champ magnétique.
10. A.G. Fischer, grand chasseur de cycles devant l'Éternel, croit plutôt à une période trois fois plus longue – de 74,5 millions d'années – dans les extinctions en masse. Il note que l'extinction du Permien/Trias ne fait pas partie de ce cycle pour en souligner le caractère extraordinaire.

nombres : un effet « casino ». Ainsi, si on reconnaît les impacts comme étant la cause principale des extinctions, et vu que la fréquence de collision (astéroïdes et comètes) est inversement proportionnelle à leur taille, un cycle de 26 millions d'années peut simplement signifier qu'il s'agit de l'écart moyen entre deux impacts de plus de 80 km de taille, susceptibles d'entraîner des extinctions en masse notables.

D'autres chercheurs vont plus loin. Selon eux, cette périodicité apparente est l'œuvre d'un mécanisme spécifique qui focaliserait les bolides cosmiques en « troupeaux » venant croiser la Terre à intervalles réguliers. Ainsi fut proposée l'idée d'une petite étoile compagnon en orbite autour de notre Soleil, suffisamment distante (trois années-lumière) et faible (une naine rouge) pour avoir échappé à la détection, mais dont l'orbite excentrique décrite en 26 millions d'années l'amènerait à perturber le nuage de comètes qui enveloppe, tel un cocon, les limites extérieures du système solaire. Délogées à chaque passage rapproché de l'étoile, ces comètes viendraient bombarder les planètes en salves périodiques.

Cette théorie de l'étoile compagnon venant régulièrement semer la mort sur Terre connut un vif succès au milieu des années quatre-vingt, au point où l'on donna à cet astre hypothétique le nom de Némésis. Des efforts importants furent déployés pour la localiser au télescope : jusqu'à présent les recherches sont demeurées vaines. En outre le concept a progressivement perdu de sa validité depuis que les modèles élaborés sur ordinateur suggèrent qu'une telle étoile compagnon serait elle-même perturbée par le passage de notre système au voisinage d'autres étoiles et ne saurait rester sur une orbite stable et périodique.

Un autre cycle de perturbations plus plausible est celui que subirait le système solaire en traversant périodiquement le plan de notre Galaxie (la voie lactée), où la matière cosmique est plus dense qu'ailleurs. Proposée par A.G. Fisher et Michael Arthur dès 1977, et développée par David Raup et Jack Sepkoski dans les années quatre-vingt, cette théorie a l'avantage de s'appuyer sur un cycle naturel reconnu : la période d'oscillation du Soleil et de son système à travers le plan galactique, période qui est évaluée selon les modèles entre 26 et 36 millions d'années.

Outre les extinctions, le registre des impacts sur Terre – toutes tailles confondues – montre-t-il lui aussi une périodicité qui pourrait confirmer la thèse des salves cosmiques ? C'est l'avis de Piet Hut qui note quatre pics dans la fréquence des impacts autour de 100, 65 et 35 millions d'années, le dernier pic étant centré... sur l'époque actuelle ! Depuis l'étude de Hut en 1987 d'autres cratères ont allongé la liste sans que cette distribution ne change sensiblement (ainsi pour le pic à 65 millions d'années l'astroblème du Chicxulub est venu s'ajouter à la liste alors que le cratère de Manson l'a quittée pour être repositionné à 72 millions d'années). De l'avis même de Hut et de ses coauteurs il faut toutefois se garder de porter trop d'attention à ces pics, car ils sont basés sur trop peu de cas pour être très significatifs (une centaine de cratères recensés en 1987, près de 150 aujourd'hui) : les pics peuvent être des illusions du « tirage au sort » auquel s'apparente la découverte de cratères plutôt qu'un cycle réel. Force est de constater toutefois que trois de ces pics sont associés à des extinctions (Crétacé/Tertiaire, Éocène/Oligocène et Pliocène/Pléistocène) : seul celui centré sur 100 millions d'années ne correspond pas à une extinction en masse.

Que le dernier pic d'impacts soit centré sur l'époque actuelle est évidemment troublant. Il l'est d'autant plus que l'explosion de la population humaine soumet la biosphère à un état de stress avancé. Un nouvel impact survenant dans le proche avenir aurait ainsi toutes les chances d'avoir des conséquences catastrophiques, aussi bien pour l'homme que pour l'ensemble du monde vivant.

Chapitre 8
La Terre face aux impacts

La prise de conscience de la menace que constituent les impacts débouche sur de nouvelles questions. Quelle est la probabilité par exemple qu'une ville soit rasée par un impact ou que l'espèce humaine disparaisse comme les dinosaures dans une rôtissoire atmosphérique, assortie de raz de marée, pluies acides et autres effets de serre ? Cette question est-elle d'actualité ou relève-t-elle de la science-fiction ?

Une gifle en 1908

L'humanité n'a pas besoin de remonter loin dans le temps pour se souvenir d'un impact qui aurait pu avoir des conséquences tragiques, et qui a dévasté une parcelle de la Terre avec une force explosive représentant plusieurs centaines de fois la bombe d'Hiroshima

Cet impact eut lieu le 30 juin 1908, causant une déflagration d'une force estimée à douze mégatonnes de TNT[1] dans le ciel de Sibérie par 65°N et 102°E : les forêts furent entièrement couchées sur une surface de 2 000 km² (la superficie d'une ville comme Paris, banlieue incluse).

Heureusement, aucun être humain n'habitait dans ce périmètre de destruction, mais des témoins en furent tout proches : une vingtaine de chasseurs et d'éleveurs nomades,

---

1. Par comparaison, la puissance de la bombe d'Hiroshima fut de 0,02 mégatonne. L'impact de 1908 fut 600 fois plus violent.

qui surveillaient leurs troupeaux de rennes, se trouvaient à cinquante kilomètres du point zéro : deux hommes périrent de la déflagration (l'un fut projeté contre un arbre) et les autres furent gravement choqués, voire atteints de surdité, sans compter la perte de mille têtes de bétail, massacrées par l'onde de choc et l'incendie qui suivit.

À soixante-dix kilomètres du point zéro, au comptoir marchand de Varanova, les vitres volèrent en éclat et les témoins furent renversés par le souffle. À près de cent kilomètres, au village le plus proche de Nijne-Karelinsk, les habitants furent terrifiés par l'éclat aveuglant de la déflagration : les hommes se jetèrent dans la rue sous l'emprise de la panique, et les femmes se prosternèrent, hurlant que la fin du monde était venue…

Même de loin, l'impact de la Toungouska fut spectaculaire. Les passagers du train Transsibérien, pourtant distants de 500 km, eurent droit à un éclair aveuglant, suivi longtemps après par le grondement sourd de la déflagration.

L'événement de la Toungouska a cette particularité qu'il ne laissa pas de cratère au sol car le bolide explosa lors de sa rentrée dans l'atmosphère à environ 8 000 m d'altitude. Si le bolide était parvenu jusqu'au sol, le cratère résultant aurait mesuré quelques centaines de mètres de large. La Toungouska est donc considérée comme un tout petit événement dans la panoplie des impacts, et a sans doute été causée par un fragment cométaire d'une cinquantaine de mètres de taille. Mais il illustre bien les conséquences d'un impact à l'échelle locale : outre l'aplatissement de la forêt, des traces de feux furent retrouvées par les équipes de recherche jusqu'à quinze kilomètres du point zéro.

Isaac Asimov a spéculé que si l'impact avait eu lieu six heures plus tard, le temps pour la Terre de faire un petit quart de tour sur elle-même, la ville de Saint-Pétersbourg aurait pu être touchée : alors, avec ses douze mégatonnes de puissance, le bolide aurait rasé la ville et tué des centaines de milliers d'habitants. On réalise mieux d'après cet exemple que la probabilité d'une mort par impact n'est pas une simple vue de l'esprit.

La fréquence de ce pilonnage par des objets d'une cinquantaine de mètres est environ d'un impact par siècle. Quatre sur cinq ont lieu en mer ou dans les régions polaires, mais cela laisse deux ou trois impacts par millénaire sur les continents peuplés. Avant celui de la Toungouska en 1908, un impact de magnitude similaire a vraisemblablement eu lieu il y a 800 ans dans l'île méridionale de la Nouvelle-Zélande, où s'étend une dépression de près d'un kilomètre de large, entourée d'arbres abattus. C'est à cette époque qu'a disparu un oiseau typique de l'île – le Moa – qui est peut-être le premier exemple d'une espèce contemporaine de l'homme, exterminée par un impact.

Avec leur force de frappe de quelques mégatonnes de TNT « seulement », de tels impacts séculaires n'exercent qu'une influence très locale sur l'écosystème. Mais tous les millénaires chute un objet d'une centaine de mètres de taille (plutôt que cinquante), ce qui décuple l'énergie d'impact (proportionnelle au cube du diamètre). Lorsqu'ils ont lieu sur la terre ferme (tous les 5 000 ans en moyenne), ces impacts laissent des cratères d'un bon kilomètre de diamètre. Deux exemples récents sont le célèbre « Meteor Crater » de l'Arizona (1 200 m de diamètre) et le cratère de Lonar en Inde (1 800 m), formés tous deux il y a près de 50 000 ans. À l'échelle de notre civilisation, on spécule qu'il y a eu des impacts de magnitude similaire aux alentours de 7 500 ans et 3 500 ans avant Jésus-Christ...

Massacres planétaires

Parce que les gros objets dans le système solaire sont relativement rares, les impacts de grande magnitude le sont aussi.

La catastrophe devient régionale lorsque la taille du bolide atteint un ou deux kilomètres de diamètre. De tels impacts ont lieu en moyenne quatre ou cinq fois par million d'années, si l'on se fie aux probabilités astronomiques et à la liste des astroblèmes terrestres. Les deux derniers en date reconnus sont le Zhamanshin au Kazakhstan (13 km, 900 000 ans) et le Bosumtwi au Ghana (10 km, 1,03 million d'années), mais rien ne prouve que d'autres impacts de cette taille n'aient pas eu lieu plus récemment, et notamment en mer.

Tableau 8.1. – **Les plus récents cratères d'impact sur Terre supérieurs à 500 m de diamètre. Les quatre plus jeunes (« Meteor » Crater, Lonar, Amguid et Rio Cuarto) sont âgés de moins de 100 000 ans : ils sont contemporains d'*homo sapiens*. Deux astroblèmes de 10 km de taille – Zhamanshin au Kazakhstan et Bosumtwi au Ghana – frisent le million d'années : ils sont contemporains d'*homo erectus*.**

Les cratères d'impact les plus récents			
Nom	Pays (Lat., Long.)	Diamètre (km)	Age (m.a.)
Meteor Crater	Arizona, USA (35°N, 111°W)	1,2	0,05
Lonar	Inde (20°N, 76°E)	1,8	0,05
Rio Cuarto	Argentine (32°S, 64°W)	4	< 0,1
Amguid	Algérie (26°N, 4°E)	0,5	< 0,1
Pretoria Saltpan	Afrique du Sud (25°S, 28°E)	1,1	0,2
Wolf Creek	Australie Ouest (19°S,128°E)	0,85	< 0,3
Zhamanshin	Kazakhstan (48°N, 61°E)	13,5	0,9
Monturaqui	Chili (24°S, 68°W)	0,5	1
Bosumtwi	Ghana (7°N, 1°W)	10,5	1
Nouveau Québec	Québec (61°N, 74°W)	3,2	1,4
Tenoumer	Mauritanie (23°N, 10°W)	1,9	2,5
Talemzane	Algérie (33°N, 4°E)	1,75	< 3
El'gygytgyn	Russie (67°N, 172°E)	18	3,5
Roter Kamm	Namibie (20°N, 15°E)	2,5	3,7
Kara-Kul	Tadjikistan (39°N, 73°E)	52	< 5
Bigatch	Kazakhstan (48°N, 82°E)	7	6
Karla	Russie (58°N, 48°E)	12	< 10
Shunak	Kazakhstan (43°N, 73°E)	3,1	12
Ries	Allemagne (49°N, 11°E)	24	15
Steinheim	Allemagne (49°N, 10°E)	3,4	15

De tels impacts aux cratères avoisinant 10 km sont redoutables à l'échelle régionale car ils font ressentir leur souffle, effet calorifique et bombardement d'ejecta sur des dizaines de milliers de kilomètres carrés. Notons qu'une dizaine de tels impacts décakilométriques ont dû avoir lieu depuis l'aube des hominidés, il y a trois millions d'années. Le violent impact du Ghana, notamment, se déroula à la limite de l'émergence de l'*homo erectus*, il y a 1,3 million d'années : peut-être les familles d'hominidés en compétition dans le Rift africain en subirent-elles les effets.

Il en sera de même pour le prochain impact de cette classe des 10 km, qui à la lumière des statistiques devrait avoir lieu dans moins de 200 000 ans, sans qu'il soit possible d'être aujourd'hui plus précis. Cet impact peut se produire l'année prochaine, tout comme dans dix mille ou cent mille ans. Mais lorsqu'il aura lieu, il se peut que l'humanité plonge dans une situation d'autant plus délicate qu'elle pourrait, comme aujourd'hui, être à la limite de son équilibre alimentaire. Le désordre climatique dû au nuage de poussières ferait s'effondrer l'agriculture et, la famine venant s'ajouter aux autres effets nocifs de l'impact, on spécule que près d'un quart de la population humaine pourrait trouver la mort – soit un à deux milliards de victimes si la population était la même qu'aujourd'hui.

De l'extinction de l'humanité

Pour que l'espèce humaine disparaisse tout entière, il faut frapper encore plus fort. L'homme a désormais un rayonnement planétaire, s'est habitué à tous les climats, et a un régime omnivore qui lui donne de bonnes chances de survie en cas d'effondrement de la chaîne alimentaire, même si des milliards d'individus périront à la suite de famines et d'épidémies. Il suffirait de quelques millions de survivants pour que notre espèce repeuple la Terre, une fois la crise passée. Dans ces conditions, même un impact majeur, laissant au sol un cratère de 100 km de diamètre, ne parviendrait sans doute pas à nous exterminer. Seul un impact géant de la classe du Chicxulub – avec son cratère de 180 km et ses 100 millions de mégatonnes TNT – aurait de bonnes chances de nous balayer de la planète.

Qu'en est-il de la probabilité d'un tel impact exterminateur ? Comme dans le cas des petits impacts, le recensement des bolides dans le système solaire et la distribution des cratères sur Terre permettent d'avancer des chiffres : un impact de la taille du Chicxulub aurait lieu tous les 100 millions d'années.

C'est statistiquement rassurant. En effet, une espèce animale comme l'homme a généralement une existence de cinq à dix millions d'années avant de disparaître ou d'évoluer en une autre espèce (l'*homo sapiens* n'a pas encore célébré son premier million d'années). Si l'espèce humaine tient la distance de dix millions d'années, la probabilité que sa déchéance soit due à un impact cosmique n'est donc que d'une chance sur dix. Cela revient à dire qu'en toute probabilité la fin de l'espèce humaine sera due à une autre cause qu'à un impact cosmique.

Si l'espèce humaine a peu de chances d'être exterminée au cours des prochains millions d'années, il n'en est pas de même pour la civilisation telle que nous la connaissons. Nous avons vu que les impacts creusant des cratères de 10 kilomètres, et qui surviennent tous les 200 000 ans en moyenne, causeraient des milliards de victimes et balayeraient nombre d'infrastructures agricoles, industrielles et sociales, remettant la civilisation à zéro, à l'échelle d'un continent ou de la terre entière. Ce sont donc ces impacts « moyens » qui nous concernent le plus à court terme. Et deux alertes au cours des dix dernières années nous donnent à réfléchir.

Le premier avertissement eut lieu le 23 mars 1989 lorsque les astronomes détectèrent un astéroïde de 300 m de diamètre qui venait tout juste de croiser l'orbite terrestre, 700 000 km seulement en amont de notre position. La Terre serait passée avec six heures d'avance « sur son plan de vol », elle aurait intercepté l'astéroïde et connu en ce

23 mars 1989 un impact d'une violence de mille à deux mille mégatonnes, creusant un cratère de trois à quatre kilomètres de diamètre quelque part sur le globe. Ce petit astéroïde qui n'avait jamais été détecté auparavant porte désormais le nom d'astéroïde 1989 FC : on attend son prochain passage sur notre trajectoire pour l'an 2012 et l'on ne manquera pas de le surveiller !

Le second avertissement fut beaucoup plus médiatique puisqu'il s'est agi d'un impact annoncé : la collision de la comète Shoemaker-Levy avec la planète Jupiter au mois de juillet 1994.

La comète de Shoemaker-Levy

La comète de Shoemaker-Levy est nommée d'après ses découvreurs : le couple Caroline et Eugene Shoemaker associé pour la circonstance à David Levy – tous trois spécialistes des comètes et astronomes hors pair. L'équipe avait repéré le bolide au télescope de Kitt Peak en novembre 1993, sous la forme d'un étrange alignement d'une douzaine de points lumineux, qu'ils comparèrent spontanément à « une rivière de perles ». D'après sa trajectoire, les chercheurs calculèrent que l'essaim résultait de l'éclatement d'une comète au large de Jupiter le 8 juillet précédent, lorsqu'en passant trop près de la planète géante, elle s'était désunie sous l'effet de son puissant champ de gravité (voir figure 8.1).

Dans leurs calculs les astronomes allèrent plus loin : la rivière de perles allait frapper Jupiter de plein fouet lors du prochain croisement orbital, en une rafale de collisions qui s'étendrait sur près d'une semaine du 16 au 22 juillet 1994. Les fragments de la comète seraient alors étirés en un chapelet long d'un million de kilomètres, plusieurs heures séparant chaque impact majeur alors que Jupiter tournerait son globe sous le feu nourri des projectiles.

La réalité fut conforme au scénario. Le monde entier braqua ses télescopes vers la planète Jupiter à partir du

16 juillet 1994 pour assister aux impacts successifs d'une vingtaine de fragments, libérant au total une puissance d'un million de mégatonnes TNT[2]. Ces énergies correspondent à des fragments de plusieurs centaines de mètres de taille impactant à des vitesses de 70 km/s. En « recollant les morceaux », Shoemaker et ses collègues estimèrent que la comète initiale, avant éclatement, devait mesurer 2 km de diamètre.

Jupiter accusa le coup. Chaque impact de fragment donna lieu à une spectaculaire séquence d'effets, à commencer par un échauffement de l'atmosphère par la « chevelure » de particules précédant le corps principal. Une poignée de secondes plus tard le point d'impact atmosphérique s'illuminait brillamment, suivi d'une colonne d'ejecta gazeux soufflés trois à quatre mille kilomètres en hauteur. La trombe d'ejecta était assez chaude pour briller en lumière visible et fut détectée au-dessus de l'horizon de Jupiter par le télescope spatial Hubble. Pour clore le spectacle, une intense lueur infrarouge culminait une dizaine de minutes après l'impact, reflétant l'échauffement atmosphérique dû à la retombée des ejecta.

L'arsenal du système solaire

En cette fin de millénaire l'humanité se retrouve donc sensibilisée à la réalité et à la fréquence des impacts cosmiques. Rien que les événements de type Toungouska (12 mégatonnes), prévus tous les siècles en moyenne, font suffisamment peur pour qu'on s'interroge sur les moyens de les prévoir à l'avance, c'est-à-dire d'identifier les bolides sur des trajectoires de collision avec la Terre.

La détection des astéroïdes et des comètes qui croisent notre orbite est possible : elle est même engagée systémati-

---

2. Cette énergie représente dix fois l'arsenal nucléaire de l'humanité. Elle demeure toutefois cent fois inférieure à l'impact du Chicxulub lors de la crise KT.

quement depuis 1972, date à laquelle Eugene Shoemaker (encore lui) lança au télescope du mont Palomar un programme de détection des planétoïdes coupant, à court ou à moyen terme, notre trajectoire. Il y a deux catégories distinctes de ces « géo-croiseurs » à considérer : les astéroïdes et les comètes.

Dans l'espace circumterrestre, les astéroïdes l'emportent sur les comètes en fréquence de collision : ils sont responsables de trois quarts des impacts sur Terre. Les astéroïdes sont des corps rocheux, voire ferreux, dont la genèse s'effectua principalement entre Mars et Jupiter. Ils sont relativement faciles à repérer car leurs orbites sont pour la grande majorité contenues entre ces deux planètes, le débordement au-delà de Mars nous intéressant tout particulièrement puisque ce sont ces corps qui se rapprochent le plus de la Terre. Nombre de ces astéroïdes marginaux peuvent en effet croiser notre orbite à leur périhélie, lorsqu'ils se rapprochent le plus du Soleil : on les appelle des astéroïdes *Apollo*, du nom du premier astéroïde du genre découvert en 1932.

Le nombre de ces géo-croiseurs *Apollo* n'a cessé d'augmenter depuis que l'on explore le volume spatial compris entre la Terre et Jupiter. La liste atteint aujourd'hui plus d'une centaine d'objets compris entre 1 et 10 km de taille, auxquels il faut ajouter une quarantaine d'astéroïdes de type *Amor*, dont les orbites sont présentement extérieures à l'orbite terrestre mais qui par le jeu des précessions peuvent se déformer pour la croiser à l'avenir. Existent également une quinzaine d'astéroïdes de type *Aten* dont les orbites sont au contraire plus petites que celle de la Terre, mais qui peuvent venir la recouper en période d'aphélie.

Cette détection des astéroïdes « géo-croiseurs » est donc bien engagée à l'heure actuelle mais elle reste encore très partielle : d'après les estimations actuelles, il y aurait plus de 2 000 astéroïdes entre 1 et 10 km de taille qui croisent systématiquement notre orbite. Avec moins de 200 corps recensés en date de 1998, le taux de découverte n'est encore que de 10 %.

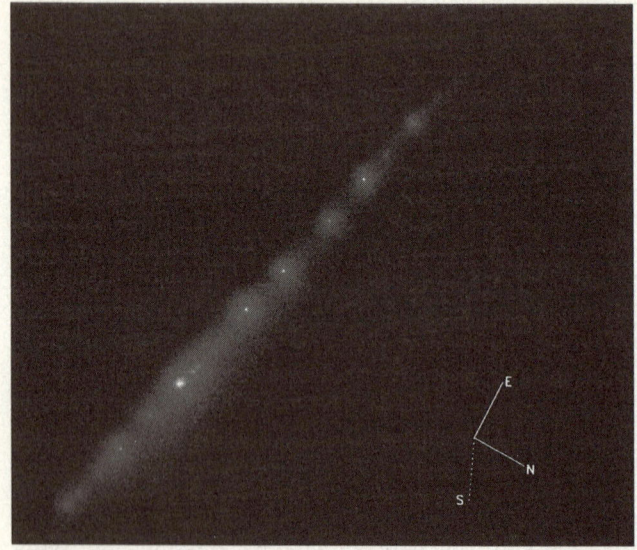

Figure 8.1. – La « rivière de perles » de la comète Shoemaker-Levy photographiée par le télescope spatial Hubble, avec la caméra planétaire à grand champ de l'ESA, alors qu'elle s'approche de Jupiter pour une collision fatale. Éclaté en une vingtaine de blocs de glace mesurant jusqu'à deux kilomètres de taille, le train cométaire fit collision avec la planète Jupiter en une rafale qui dura toute une semaine, du 16 au 22 juillet 1994, libérant un million de mégatonnes d'énergie. (NASA, H.A. Weaver et T.E. Smith, STS, aimablement communiqué par l'ESA.)

Le taux de découverte des comètes, qui doivent constituer le quart des projectiles de bonne taille bombardant la Terre, est encore plus modeste puisque de telles comètes viennent pour la plupart des confins du système solaire (à la suite de perturbations de leur distant « réservoir »), et redisparaissent vers cette lointaine banlieue en orbites excentriques qu'elles mettent des dizaines, voire des centaines ou des milliers d'années à boucler. Le passage près de la Terre de chaque comète prise séparément est donc un événement rare à l'échelle d'une campagne d'observation, ce qui dimi-

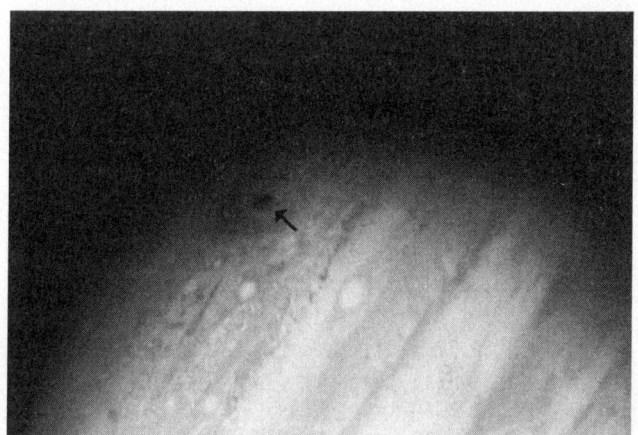

Figure 8.2. – Vue de la violente turbulence en forme de cratère (flèche) déclenchée par l'impact du fragment « G » de la comète Shoemaker-Levy dans l'atmosphère de Jupiter, le 18 juillet 1994. L'image fut obtenue 1 h 45 mn après l'impact, quand la rotation de la planète présenta le site à la Terre (vue prise avec la caméra de l'ESA, télescope spatial Hubble). La « petite » tache sombre centrale mesure 2 500 km de diamètre, au sein d'un premier croissant foncé. Le croissant extérieur mesure 12 000 km de diamètre, sensiblement la taille de la Terre. L'impact fut estimé à quelques centaines de milliers de mégatonnes de TNT, mille fois moins que l'impact du Chicxulub sur Terre. (NASA, H. Hammel, MIT, aimablement communiqué par l'ESA.)

nue ses chances de détection, et, une fois détectée, le calcul de sa trajectoire.

Les moyens de détection

La situation va évoluer dans les années à venir. La communauté scientifique ainsi que certains pouvoirs publics ont pris conscience de l'importance de la menace cosmique à des échelles de temps qui ne peuvent plus les laisser indifférents. En 1989 le passage du petit astéroïde 1989 FC à moins de 700 000 km de la Terre a suffisamment ému

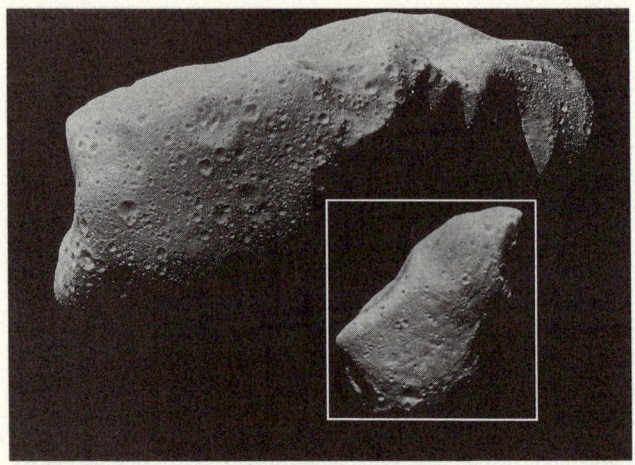

Figure 8.3. – Deux astéroïdes photographiés lors de survols rapprochés par la sonde spatiale Galileo de la NASA : Ida, croisé le 28 août 1993, et Gaspra (en médaillon) le 29 octobre 1991. Les deux astéroïdes sont de type « S » (constitués principalement des minéraux pyroxène et olivine), et mesurent respectivement 52 km et 19 km de long. Plusieurs fois plus massifs que le projectile qui frappa la Terre à la fin du Crétacé, de tels astéroïdes extermineraient la vaste majorité des espèces vivantes sur Terre s'ils venaient à percuter la planète. (NASA/JPL.)

l'Institut de l'Aéronautique et de l'Espace américain et la Chambre des Représentants pour qu'ils commandent aux astronomes de leur pays un rapport sur les probabilités d'impact, les moyens de détection et les éventuelles mesures à prendre.

Malgré l'intérêt affiché, aucun budget spécial n'a été dégagé : la détection des corps géo-croiseurs, qu'ils soient astéroïdes ou comètes, continue avec les moyens du bord. Moins de dix professionnels au monde sont financés pour travailler à temps plein sur le problème, les campagnes étant principalement menées aux observatoires de Palomar en Californie et de Kitt Peak en Arizona, ainsi qu'à l'île de Maui (Hawaï) depuis 1995, et dans le désert du Nouveau-

Mexique depuis 1997. D'autres télescopes sont sporadiquement assignés à des recherches d'astéroïdes et de comètes, notamment à l'Observatoire de la Côte d'Azur en France.

Toutefois, même sans l'aide d'un important financement public, le taux de découverte est promis à s'accélérer dans les années à venir. Les chercheurs ont accès à des télescopes de plus en plus performants (leurs outils dépassent aujourd'hui un mètre d'ouverture) et les techniques de détection s'améliorent. Bien que le travail sur plaque photographique reste encore performant, les astronomes font de plus en plus appel à des procédés de balayage électronique du ciel avec des cellules CCD, méthode mise au point par l'université de l'Arizona et qui donne aujourd'hui d'excellents résultats.

Si le taux de détection atteint aujourd'hui une douzaine de nouveaux astéroïdes géo-croiseurs par an de plus d'un kilomètre de taille, ce taux devrait bientôt doubler avec la mise en service de nouveaux télescopes de 2 m d'ouverture, comme le nouvel instrument du programme *Spacewatch*, qui est à poste depuis 1998 à l'observatoire de Kitt Peak en Arizona.

Mais même à ce rythme doublé, il faudra près d'un siècle pour recenser la majorité des 2 000 à 3 000 astéroïdes de plus d'un kilomètre de taille qui présentent un danger de collision avec la Terre. L'idéal serait de financer et de construire un véritable réseau de cinq à six télescopes dédiés à cette recherche très spécifique, qui rabaisserait la durée du recensement à une vingtaine d'années seulement. Un tel programme se devrait d'être international, d'une part parce que l'enjeu est planétaire et, d'autre part, parce que les télescopes devraient être placés dans les deux hémisphères, par exemple aux USA et en Europe, ainsi qu'au Chili et en Australie.

Chaque télescope d'un tel réseau aurait une ouverture de 2 m et une longueur focale de 5 m, lui assurant un champ de vision de quatre ou cinq degrés carrés et une sensibilité lui permettant de détecter des objets d'un kilomètre de taille jusqu'à 200 millions de kilomètres de distance de la Terre.

Outre la quasi-certitude de détecter à terme tous les objets dangereux de cette taille, notons que le système de télescopes recenserait du même coup un fourmillement d'objets plus petits de la classe de ceux responsables du Meteor Crater et de la Toungouska : on s'attend à ce que 20 000 à 30 000 géo-croiseurs hectométriques soient repérés dans la chasse aux astéroïdes plus gros. Avec l'assistance d'un tel programme de recherches, l'humanité pourrait donc disposer, dès 2010 ou 2020, d'éphémérides lui permettant de prévoir les impacts d'astéroïdes. Comme le prochain petit impact de la classe Toungouska a de bonnes chances de se produire au XXIe siècle, un tel outil de prévision serait plus que bienvenu.

Vers une protection mondiale

Si l'on s'en tient au dernier recensement à l'heure où nous écrivons ces lignes (janvier 1999), aucun astéroïde ou comète connu menace de percuter la Terre dans un avenir proche. Parmi les gros objets, c'est l'astéroïde Toutatis (5 km de diamètre) qui accomplira le passage le plus rapproché de la Terre pendant la période 2000-2025 : le 29 septembre 2004, il passera à la distance respectable de 1,5 million de kilomètres, soit quatre fois la distance Terre-Lune. Dans la catégorie des comètes, le record de proximité durant la même période reviendra à l'objet Honda-Mrkos-Pajdusakova qui nous saluera le 15 août 2011 depuis la distance encore plus rassurante de 9 millions de kilomètres.

Mais ce sont les blocs de quelques centaines de mètres de taille, dont la grande majorité n'ont pas encore été découverts, qui représentent la plus grande inconnue. Le 19 mai 1996, notamment, un astéroïde de 300 mètres de diamètre s'est approché de la Terre à une distance de 450 000 km (la distance Terre-Lune) et ne fut détecté que quelques jours avant sa visite rapprochée. Plus inquiétante encore fut la fausse alerte de mars 1998, lorsque des astronomes annon-

Vers une protection mondiale

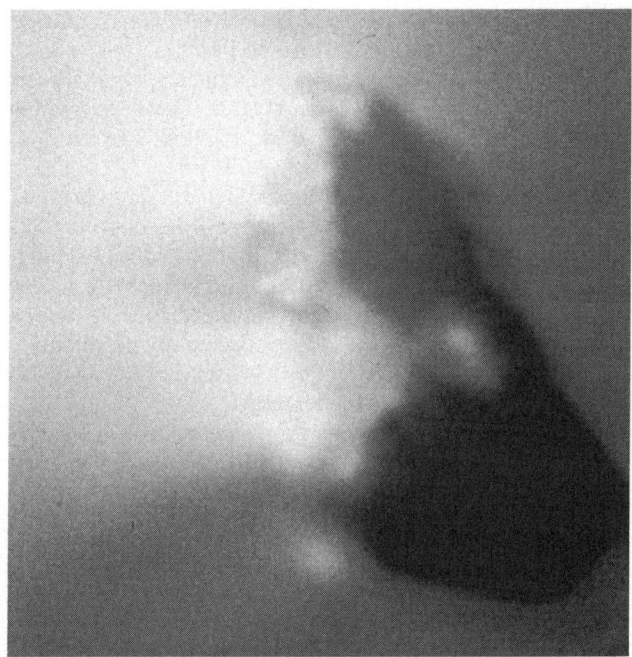

Figure 8.4. – Le noyau de la comète de Halley, photographié par la sonde européenne Giotto en 1986. Faiblement discernable dans son cocon de poussières, le corps central en forme de cacahuète mesure 16 km de long sur 8 km de large. Le voile blanchâtre sur son bord gauche est causé par la sublimation des glaces à la chaleur du Soleil, constituant des jets de gaz et de poussières qui donnent aux comètes leurs chevelures et leurs queues brillantes. Moins prévisibles et souvent plus massives que les astéroïdes « géo-croiseurs », les comètes représentent les plus grandes menaces d'extinction pour le monde vivant. (ESA/Max Plank Institut für Aeronomie, H.U. Keller.)

cèrent qu'un astéroïde de près de mille mètres, découvert quelques mois auparavant, menaçait de percuter la Terre lors de son prochain passage en octobre 2028. La presse se fit l'écho de cette annonce précipitée, alors que de nouveaux calculs la balayèrent bien vite : l'astéroïde passera en fait à un million de kilomètres de la Terre.

À l'avenir, nous risquons de connaître d'autres fausses alertes, ainsi que des alertes bien réelles. Que faire alors ? Une fois qu'un astéroïde ou qu'une comète est découvert sur une trajectoire de collision avec la Terre, de quelles armes dispose l'humanité pour se défendre ? Et de quel délai dispose-t-elle pour s'en servir ?

Ce délai entre la détection d'une menace et le moment de l'impact est vital : de sa durée dépendent les options d'intervention et leurs chances de succès. Plus le délai est long, plus les solutions sont nombreuses et les chances de succès réelles. Or il faut commencer par noter que le temps d'alerte est différent si le corps menaçant est un astéroïde ou une comète, ce qui complique à la fois les campagnes de détection et les stratégies de défense.

Les astéroïdes, nous l'avons vu, restent près de la Terre et se prêtent à de multiples opportunités de détection ainsi qu'à une rapide évaluation des paramètres de leurs orbites. Une fois la grande majorité des astéroïdes découverts (au terme d'un programme de 10 à 20 ans), les astronomes disposeront d'éphémérides précis leur indiquant les événements de collision plusieurs années, voire plusieurs décennies à l'avance. Ce délai permet de mettre au point une stratégie d'interception appropriée.

Le problème des comètes est tout autre. Elles arrivent en un flux imprévisible des confins du système solaire, souvent détectées pour la première fois alors qu'elles ne sont plus qu'à quelques mois de leur plus proche passage de la Terre. Non seulement leur court passage dans notre champ d'observation limite la précision avec laquelle on peut calculer leur orbite, mais de nouveaux objets inconnus font leur apparition en permanence, avec chaque fois un délai de quelques mois seulement entre découverte et chance de collision[3]. De telles comètes appellent des techniques d'intervention plus rapides que pour les astéroïdes.

---

3. Il faudra donc éternellement balayer le ciel à la recherche de nouvelles comètes, alors que la population d'astéroïdes et leurs chances de collision seront connues avec un degré de précision acceptable dès la conclusion d'un premier programme de recensement.

Dans les deux cas toutefois, la technique de défense est la même : elle consiste à intercepter le bolide, soit en le pulvérisant en morceaux (tout en s'assurant que les morceaux évitent eux-mêmes la Terre), soit en lui communiquant une impulsion pour le faire passer au large de la planète. Malgré la masse du bolide et sa prodigieuse énergie cinétique, de telles interceptions sont à la portée de nos armes thermonucléaires.

En effet la puissance de nos explosifs peut être idéalement exploitée à partir du moment où l'interception est réalisée à grande distance de la Terre, d'où l'importance du délai de réaction dont disposeront les hommes. Les navigateurs spatiaux le savent bien : un petit changement de vitesse, de l'ordre d'une dizaine de centimètres par seconde, se répercute sur la trajectoire d'un mobile par un décalage d'un millier de kilomètres au bout de deux mois, et de six mille kilomètres – l'équivalent d'un rayon terrestre – au bout d'une année. Si elle est communiquée un an à l'avance, une impulsion de 10 cm/s est donc suffisante pour écarter un objet d'une trajectoire de collision avec la Terre. On conçoit aussi, à l'inverse, que plus l'alerte est tardive et le projectile proche, plus « musclée » doit être la force d'intervention pour que le corps soit suffisamment écarté de la Terre en un plus bref laps de temps.

La protection contre un impact passe donc par une détection rapide des objets menaçants et la mise en route d'une force d'interception capable de délivrer rapidement le tonnage d'explosifs nécessaire. Une inconnue concerne la façon dont ces explosifs agiront sur le corps à détourner. Une comète peu dense réagira différemment à une explosion nucléaire qu'un astéroïde de silicates, beaucoup plus dense, ou une masse compacte de fer-nickel. Les spécialistes recommandent donc l'atterrissage de sondes sur des astéroïdes de types variés, voire de détonations expérimentales à leur surface, afin de modéliser leur réaction à des tentatives de détournement.

Figure 8.5. — Vue d'artiste d'une sonde automatique (en bas à droite), posée sur le noyau d'une comète. Les petits corps du système solaire feront l'objet d'une étude intensive dans les années à venir : la mesure des propriétés mécaniques de leur surface est indispensable pour modéliser, voire expérimenter le type de détonation nucléaire capable de les éloigner de leur trajectoire, en cas de menace de collision avec la Terre. (© William K. Hartmann.)

Le billard et le bouclier

Au niveau des puissances à impartir, les calculs enseignent qu'un astéroïde d'un kilomètre de taille nécessite une détonation de 100 000 à un million de tonnes de TNT (l'équivalent d'une bombe thermonucléaire classique[4]) pour prendre une accélération de dix à vingt centimètres par seconde par rapport à sa trajectoire initiale. Cette interven-

---

4. De telles bombes pèsent plusieurs centaines de kilogrammes et pourraient être lancées sur des trajectoires d'interception par des fusées de la classe du Titan-III américain et de l'Energia russe.

tion peut être envisagée de plusieurs façons : la bombe peut exploser au-dessus du corps menaçant afin de distribuer la déflagration sur une grande surface et procurer le changement de trajectoire le plus prévisible possible. Ou bien la bombe peut être « plantée » dans le corps même de l'astéroïde, l'explosion procurant alors une impulsion beaucoup plus forte mais plus difficile à maîtriser. Il faut en effet communiquer à la bombe la force de pénétration nécessaire à sa mise en place, ainsi que modéliser correctement la réaction du matériau à la déflagration. En particulier, l'impulsion doit agir en priorité sur le centre de gravité du bolide : que cette force soit décalée et le corps se mettra en rotation plutôt qu'il ne sera dévié, ce qui n'est pas le but recherché.

La stratégie la plus sûre consisterait à opérer en plusieurs étapes pour se prémunir des mauvaises surprises. Une séquence de plusieurs détonations mineures pourrait se révéler plus efficace qu'une grande explosion unique, puisque chaque événement se prêterait à l'analyse et influerait sur la préparation et le déroulement des interventions suivantes.

La détonation nucléaire est la seule stratégie d'intervention dont dispose l'humanité en cette fin de siècle pour désintégrer ou détourner un projectile menaçant, mais d'autres alternatives sont envisageables dès le siècle prochain. Les lasers en sont une, qui proposent de conférer des impulsions énergétiques aux corps menaçants à chacun de leurs passages près de la Terre afin que, petit à petit, ceux-ci s'écartent. De tels systèmes laser sont encore loin d'atteindre aujourd'hui la puissance nécessaire à un déviement efficace, mais ils restent au rang des possibilités.

Plus originale est l'idée de contrôler la trajectoire des comètes et astéroïdes menaçants avec des voiles solaires géantes montées sur les corps en question, interceptant le doux « zéphir » de particules soufflées par le Soleil. De telles voilures dirigeables depuis la Terre pourraient communiquer aux bolides les changements de vitesse et de cap nécessaires à leur parfaite gestion, transformant l'essaim de projectiles mortels en une régate bien ordonnée.

Figure 8.6. – Vue d'artiste d'une collision d'astéroïde avec la Terre. William Hartmann a imaginé ici un astéroïde double, formé d'un corps principal avec un petit compagnon le précédant sur sa trajectoire de collision : le corps mineur est représenté brûlant dans l'atmosphère, alors que le corps principal le suit à une ou deux secondes de distance. Ce sont de tels couples qui sont responsables des cratères doubles sur Terre, comme les Clearwater Lakes au Québec et le double astroblème de Kara en Sibérie. (© William K. Hartmann.)

Dans un registre tout à fait différent, le visionnaire Edward Teller (père de la bombe thermonucléaire) propose un sport encore plus spectaculaire que les régates solaires : le billard cosmique. Dans cette formule, les détonations et autres forces de déviation seraient appliquées non pas au bolide menaçant mais à un astéroïde de plus petite taille pour le diriger contre lui. À l'impact, l'énergie cinétique de cette « boule de billard » serait supérieure à ce qu'une simple explosion serait capable de générer directement. Cette méthode originale ne serait applicable qu'aux interceptions distantes, avec suffisamment de temps pour concevoir et jouer le coup « gagnant ».

Si tout cela ne suffisait pas, une ultime formule d'interception s'applique aux cas désespérés, par exemple dans le cas d'un très gros projectile détecté à quelques mois de sa collision avec la Terre. Proposée par le chercheur américain Tony Zuppero, elle consiste à assembler un bouclier mobile autour de la Terre. Il suffisait d'y penser : en rassemblant par remorqueurs de petits blocs d'astéroïdes et de comètes en orbite terrestre, l'humanité disposerait d'un « jeu de quilles » qu'elle pourrait déployer au dernier moment sur le chemin de tout projectile menaçant. Se fracassant dans cette barrière de roc, le projectile éclaterait en morceaux dont la plupart manqueraient la planète.

Ainsi peut se résumer notre défense à l'aube du troisième millénaire. Contrairement aux dinosaures, qui n'ont eu aucun recours contre l'impact du Chicxulub, l'humanité dispose de la faculté de prévoir les menaces du cosmos, ainsi que de moyens suffisants pour les neutraliser. Un jour viendra, proche ou lointain, où elle aura besoin de s'en servir. Ce jour-là, si elle remporte l'épreuve, l'espèce humaine pourra se féliciter de s'être un jour souciée de la mort des dinosaures...

Bibliographie

Livres

ALVAREZ W., *La fin tragique des dinosaures*, Hachette, Paris, 1998.

BUFFETAUT E., *Dinosaures : à la recherche d'un monde perdu*, L'Archipel, Paris, 1997.

CHAPMAN C.R. et MORRISON D., *Cosmic Catastrophes*, Plenum Press, New York, 1989.

COURTILLOT V., *La vie en catastrophes*, Fayard, Paris, 1995.

FASTOVSKY D.E. et WEISHAMPEL D.B., *The Evolution and Extinction of the Dinosaurs*, Cambridge University Press, Cambridge, 1996.

GEHRELS T., éditeur, *Hazards due to Comets and Asteroids*, University of Arizona Press, Tucson, 1995.

GLEN W., éditeur, *The Mass Extinction Debates : how Science works in a Crisis*, Stanford University Press, Stanford, 1994.

HODGE P., *Meteorite Craters and Impact Structures of the Earth*, Cambridge University Press, Cambridge, 1994.

HSÜ K., *The Great Dying : Cosmic Catastrophe*, Harcourt Brace Jovanovich, New York, 1986.

LEWIS J.S., *Rain of Iron and Ice*, Helix Books, Addison-Wesley Publishing Company, 1996.

MELOSH H.J., *Impact Cratering : À Geological Process*, Oxford University Press, 1989.

OFFICER C.B. et PAGE J., *The Great Dinosaur Extinction Controversy*, Helix Books, Addison-Wesley Publishing Company, 1996.

RAUP D.M., *De l'extinction des espèces : sur les causes de la disparition des dinosaures et de quelques milliards d'autres*, Paris, Gallimard, 1993..

RUSSELL D.A., *The Dinosaurs of North America*, University of Toronto Press, Toronto, 1989.

RYDER G., FASTOVSKY D., et GARTNER S., éditeurs, *The Cretaceous-Tertiary Event and Other Catastrophes in Earth History*, Geological Society of America SP-307, Boulder, 1996.

SHARPTON V.L. et WARD P.D., éditeurs, *Global Catastrophes in Earth History*, Geological Society of America SP-247, Boulder, 1990.

SHAW H., *Craters, Cosmos and Chronicles : a New Theory of Earth*, Stanford University Press, Stanford, 1994.

STEEL D., *Rogue Asteroids and Doomsday Comets*, John Wiley & Sons, New York, 1995.

VERSCHUUR G.L., *Impact! The Threat of Comets and Asteroids*, Oxford University Press, Oxford et New York, 1996.

Articles

Chapitre 1

ALVAREZ W., ALVAREZ L.W., ASARO F., et MICHEL H.V., The end of the Cretaceous : Sharp boundary or gradual transition ?, *Science*, **223**,1183-1186, 1984.

BUFFETAUT E., CUNY G., et LE LŒUFF J., French dinosaurs : The best record in Europe ?, *Modern Geology*, **16**, 17-42, 1991.

RAUP D.M. et SEPKOSKI J.J., Mass extinctions in the marine fossil record, *Science*, **215**, 1501-1503, 1982.

RUSSELL D.A., The enigma of the extinction of the dinosaurs, *Ann. Rev. Earth Planet. Sci.*, **7**, 163-182, 1979.

SHEEHAN P.M., FASTOVSKY D.E., HOFFMANN R.G., BERGHAUS C.B., et GABRIEL D.L., Sudden extinction of the dinosaurs : Latest Cretaceous, Upper Great Plains, USA, *Science*, **254**, 835-839, 1991.

WOLFE J.A. et UPCHURCH G.R., Vegetation, climatic and floral changes at the Cretaceous-Tertiary boundary, *Nature*, **324**, 148-152, 1986.

Chapitre 2

ALVAREZ L.W., ALVAREZ W., ASARO F., et MICHEL H.V., Extraterrestrial cause for the Cretaceous-Tertiary extinction, *Science*, **208**, 1095-1108, 1980.

BOHOR F.B., FOORD E.E., MODRESKI P.J., et TRIPLEHORN D.M., Mineralogic evidence for an impact event at the Cretaceous-Tertiary boundary, *Science*, **224**, 867-869, 1984.

CARLISLE D.B., Diamonds at the K/T boundary, *Nature*, **357**, 119-120, 1992.

GANAPATHY R., À major meteorite impact on the Earth 65 million years ago : Evidence from the Cretaceous-Tertiary boundary clay, *Science*, **209**, 921-923, 1980.

HSÜ K.J., Terrestrial catastrophe caused by cometary impact at the end of the Cretaceous, *Nature*, **285**, 201-203, 1980.

ROBIN E., BONTÉ P., FROGET L., JÉHANNO C., et ROCCHIA R., Formation of spinels in cosmic objects during atmospheric entry : À clue to the Cretaceous/Tertiary boundary event, *Earth and Planetary Science Letters*, **108**, 181-190, 1992.

SMIT J. et HERTOGEN J., An extraterrestrial event at the Cretaceous-Tertiary boundary, *Nature*, **285**, 198-200, 1980.

SMIT J. et KLAVER G., Sanidine spherules at the Cretaceous-Tertiary boundary indicate a large impact event, *Nature*, **292**, 47-49, 1981.

Chapitre 3

BHANDARI N., SHUKLA P.N., GHEVARIYA Z.G., et SUNDARAM S.M., Impact did not trigger Deccan volcanism : Evidence from Anjar

K/T boundary intertrappean sediments, *Geophysical Research Letters*, **22**, 433-436, 1995.

CARTER N.L., OFFICER C.B., CHESNER C.A., et ROSE W.I., Dynamic deformation of volcanic ejecta from the Toba caldera : Possible relevance to Cretaceous/Tertiary boundary phenomena, *Geology*, **14**, 380-383, 1986.

COURTILLOT V., BESSE J., VANDAMME D., MONTIGNY R., JAEGER J.-J., et CAPPETTA H., Deccan flood basalts at the Cretaceous/Tertiary boundary ?, *Earth and Planetary Science Letters*, **80**, 361-374, 1986.

HALLAM A., End-Cretaceous Mass Extinction Event : Argument for terrestrial causation, *Science*, **238**, 1237-1242, 1986.

HOFFMAN A. et NITECKI M.H., Reception of the asteroid hypothesis of terminal Cretaceous extinctions, *Geology*, **13**, 884-887, 1985.

KELLER G., Analysis of El Kef blind test I, *Marine Micropaleontology*, **29**, 65-103, 1997.

MARSHALL C.R. et WARD P.D., Sudden and gradual molluscan extinctions in the Latest Cretaceous of Western European Tethys, *Science*, **274**, 1360-1363, 1996.

OFFICER C.B. et DRAKE C.L., Terminal Cretaceous environmental events, *Science*, **227**, 1161-1167, 1985.

SMIT J. et NEDERBRAGT A.J., Analysis of the El Kef blind test II, *Marine Micropaleontology*, **29**, 65-103, 1997.

STINNESBECK W., BARBARIN J.M., KELLER G., *et al.*, Deposition of channel deposits near the Cretaceous-Tertiary boundary in northeastern Mexico : Catastrophic or 'normal' sedimentary deposits ?, *Geology*, **21**, 797-800, 1993.

VENKATESAN T.R., PANDE K., et GOPALAN K., Did Deccan volcanism pre-date the Cretaceous-Tertiary transition ?, *Earth and Planetary Science Letters*, **119**, 181-189, 1993.

Chapitre 4

FRENCH B.M., 25 years of the impact-volcanic controversy : Is there anything new under the Sun or inside the Earth ?, *EOS*, **71**, 411-414, 1990.

GRIEVE R.A.F., Terrestrial impact structures, *Ann. Rev. of Earth and Planet. Sci.*, **15**, 245-270, 1987.

–, Terrestrial impact : The record in the rocks, *Meteoritics*, **26**, 175-194, 1991.

IZETT G.A., COBBAN W.A., OBRADOVICH J.D., et KUNK M.J., The Manson impact structure : $^{40}Ar/^{39}Ar$ age and its distal impact ejecta in the Pierre Shale in Southeastern South Dakota, *Science*, **262**, 729-732, 1993.

JANSA L.F. et PE-PIPER G., Identification of an underwater extraterrestrial impact crater, *Nature*, **327**, 612-614, 1987.

KOEBERL C., SHARPTON V.L., MURALI A.V., et BURKE K., The Kara and Ust-Kara impact structures (USSR) and their relevance to the K/T boundary, *Geology*, **18**, 50-63, 1990.

Chapitre 5

ALVAREZ W., SMIT J., LOWRIE W., *et al.*, Proximal impact deposits at the Cretaceous-Tertiary boundary in the Gulf of Mexico : À restudy of DSDP Leg 77 Sites 536 and 540, *Geology*, **20**, 697-700, 1992.

BLUM J.D., CHAMBERLAIN C.P., HINGSTON M.P., *et al.*, Isotopic comparisons of K/T boundary impact glass with melt rock from the Chicxulub and Manson impact structures, *Nature*, **364**, 325-327, 1993.

BOURGEOIS J., HANSEN T.A., WIBERG P.L., et KAUFFMAN E.G., À tsunami deposit at the Cretaceous-Tertiary boundary in Texas, *Science*, **241**, 567-570, 1988.

KROGH T.E., KAMO S.L., et BOHOR B., U-Pb ages of single shocked zircons linking distal K/T ejecta to the Chicxulub crater, *Nature*, **366**, 731-734, 1993.

HILDEBRAND A.R. et BOYNTON W.V., Proximal Cretaceous-Tertiary boundary impact deposits in the Caribbean, *Science*, **248**, 843-847, 1990.

HILDEBRAND A.R., PENFIELD G. T., KRING D.A., *et al.*, Chicxulub Crater : À possible Cretaceous-Tertiary boundary impact crater on the Yucatan Peninsula, Mexico, *Geology*, **19**, 867-871, 1991.

HILDEBRAND A.R., The Cretaceous/Tertiary boundary impact (or The dinosaurs didn't have a chance), *Journal of the Royal Astronomical Society of Canada*, **87**, 77-118, 1993.

HILDEBRAND A.R., PILKINGTON M., CONNORS M., ORTIZ C., et CHAVEZ R., Size and structure of the Chicxulub Crater revealed by horizontal gravity gradients and cenotes, *Nature*, **376**, 415-417, 1995.

KERR R., Huge impact tied to mass extinction, *Science*, **257**, 878-880, 1992.

MAURRASSE F. J-M. et SEN G., Impacts, Tsunamis, and the Haitian Cretaceous-Tertiary boundary layer, *Science*, **252**, 1690-1693, 1991.

MEYERHOFF A.A., LYONS J.B., et OFFICER C.B., Chicxulub structure : À volcanic sequence of late Cretaceous age, *Geology*, **22**, 3-4, 1994.

MORGAN J., WARNER M., BRITTAN J., *et al.*, Size and morphology of the Chicxulub impact crater, *Nature*, 390, 472-476, 1997.

PILKINGTON M., HILDEBRAND A.R., et ORTIZ-ALEMAN C., Gravity and magnetic field modeling and structure of the Chicxulub Crater, Mexico, *J. Geophys. Res.*, **99**, 13,147-13,162, 1994.

POPE K.O., OCAMPO A.C., et DULLER C.E., Mexican site for K/T impact crater ?, *Nature*, **351**, 105, 1991.

SHARPTON V.L., DALRYMPLE G.B., MARIN L.E., RYDER G., SCHURAYTZ B.C., et URRUTIA-FUCUGAUCHI J., New links between the Chicxulub impact structure and the Cretaceous-Tertiary boundary, *Nature*, **359**, 819-821, 1992.

SHARPTON V.L., BURKE K., CAMARGO-ZANOGUERA A., *et al.*, Chicxulub multiring impact basin : Size and other characteristics derived from gravity analysis, *Science*, **261**, 1564-1567, 1993.

SIGURDSSON H., D'HONDT S., ARTHUR M.A., *et al.*, Glass from the Cretaceous-Tertiary boundary in Haiti, *Nature*, **349**, 482-487, 1991.

SMIT J., MONTANARI A., SWINBURNE N. H. M., *et al.*, Tektite-bearing, deep water clastic unit at the Cretaceous-Tertiary boundary in northeastern Mexico, *Geology*, **20**, 99-103, 1992.

SWISHER C.C. III, GRAJALES-NISHIMURA J.M., MONTANARI A., *et al.*, Coeval ^{40}Ar/^{39}Ar ages of 65.0 million years ago from Chicxulub Crater melt rock and Cretaceous-Tertiary boundary tektites, *Science*, **257**, 954-958, 1992.

Chapitre 6

ALVAREZ W., CLAEYS P., et KIEFFER S.W., Emplacement of Cretaceous-Tertiary boundary shocked quartz from Chicxulub Crater, *Science*, **269**, 930-935, 1995.

HSÜ K.J., HE Q., MCKENZIE J.A., *et al.*, Mass mortality and its environmental and evolutionary causes, *Science*, **216**, 249-256, 1982.

MELOSH H.J., SCHNEIDER N.M., ZAHNLE K.J., et LATHAM D., Ignition of global wildfires at the Cretaceous/Tertiary boundary, *Nature*, **343**, 251-254, 1990.

O'KEEFE J.D. et AHRENS J.T., Impact production of CO_2 by the Cretaceous/Tertiary extinction bolide and the resulting heating of the Earth, *Nature*, **338**, 247-249.

PRINN R.G. et FEGLEY B. Jr., Bolide impacts, acid rain, and biospheric traumas at the Cretaceous-Tertiary boundary, *Earth and Planet. Sci. Lett.*, **83**, 1-15, 1987.

RAMPINO M.R. et VOLK T., Mass extinctions, atmospheric sulphur and climatic warming at the K/T boundary, *Nature*, **332**, 63-65, 1988.

SCHULTZ P.H. et D'HONDT S., Cretaceous-Tertiary (Chicxulub) impact angle and its consequences, *Geology*, **24**, 963-967, 1996.

SHEEHAN P.M. et HANSEN T.A., Detritus feeding as a buffer to extinction at the end of the Cretaceous, *Geology*, **14**, 868-870, 1986.

TOON O.B., ZAHNLE K., MORRISON D., TURCO R., et COVEY C., Environmental perturbations caused by the impacts of asteroids and comets, *Reviews of Geophysics*, **35**, 41-78, 1997.

WOLBACH W.S., GILMOUR I., ANDERS E., ORTH C.J., et BROOKS R.R., Global fire at the Cretaceous-Tertiary boundary, *Nature*, **334**, 665-669, 1988.

Chapitre 7

ALVAREZ L.W., Mass extinctions caused by large bolide impacts, *Physics Today*, 24-33, July 1987.

BENTON M.J., Late Triassic extinctions and the origin of the dinosaurs, *Science*, **260**, 769-770, 1993.

BICE D.M., NEWTON C.R., MCCAULEY S., REINERS P.W., et MCROBERTS C.A., Shocked quartz at the Triassic-Jurassic boundary in Italy, *Science*, **255**, 443-446, 1992.

DYPVIK H., GUDLAUGSSON S. T., TSIKALAS F., *et al.*, Mjølnir structure : An impact crater in the Barents Sea, *Geology*, **24**, 779-782, 1996.

GERSONDE R., KYTE F.T., BLEIL U., *et al.*, Geological record and reconstruction of the late Pliocene impact of the Eltanin asteroid in the southern ocean, *Nature*, **390**, 357-363, 1997.

HUT P., ALVAREZ W., ELDER W.P., *et al.*, Comet showers as a cause of mass extinctions, *Nature*, **329**, 118-126, 1987.

LEROUX H., WARME J.E., et DOUKHAN J.-C., Shocked quartz in the Alamo breccia, southern Nevada : Evidence for a Devonian impact event, *Geology*, **23**, 1003-1006, 1995.

MCLAREN D.J. et GOODFELLOW W.D., Geological and biological consequences of giant impacts, *Annu. Rev. Earth Planet Sci.*, **18**, 123-171, 1990.

POAG S.W., POWARS S.W., POPPE L.J., *et al.*, DSDP Site 612 bolide event : New evidence of a late Eocene impact-wave deposit and a possible impact site, *Geology*, **20**, 771-774, 1992.

RAMPINO M.R. et STOTHERS R.B., Flood basalt volcanism during the past 250 million years, *Science*, **241**, 663-667, 1988.

RAMPINO M.R. et HAGGERTY B.M., Extraterrestrial impacts and mass extinctions, in : *Hazards due to comets and asteroids*, T. Gehrels editor, University of Arizona Press, Tucson, 1995.

RAMPINO M.R. et HAGGERTY B.M., The 'Shiva hypothesis' : Impacts, mass extinctions, and the Galaxy, *Earth, Moon and Planets*, **72**, 441-460, 1996.

RENNE P.R., ZICHAO Z., RICHARDS M.A., BLACK M.T., et BASU A.R., Synchronicity and causal relations between Permian-Triassic boundary crises and Siberian flood volcanism, *Science*, **269**, 1413-1416, 1995.

Chapitre 8

AHRENS T.J. et HARRIS A.W., Deflection and fragmentation of near-Earth asteroids, *Nature*, **360**, 429-433, 1992.

BROWN G.E. chairman, *The threat of large earth-orbit crossing asteroids*, Hearing before the Subcommittee on Space, U.S. House of Representatives, 24/3/1993, Washington D.C. ISBN 0-16-040967-5.

CHAPMAN C.R. et MORRISON D., Impacts on the earth by asteroids and comets : Assessing the hazard, *Nature*, **367**, 33-34, 1994.

CHYBA C. F., THOMAS P.J., et ZAHNLE K., The 1908 Tunguska explosion : Atmospheric detonation of a stony asteroid, *Nature*, **361**, 40-44, 1993.

GEHRELS T., Scanning with charge-coupled devices, *Space Sciences Reviews*, **58**, 347-375, 1991.

HELIN E.F. et SHOEMAKER E.M., Palomar planet-crossing asteroid survey 1973-1978, *Icarus*, **40**, 321-328, 1979.

SHOEMAKER E.M., Asteroid and comet bombardment of the earth, *Annual Review of Earth and Planetary Sciences*, **11**, 461-494, 1983.

Glossaire

Ablation : perte de matière de la surface d'une météorite lors de la traversée de l'atmosphère terrestre, par volatilisation et combustion (oxydation).

Astroblème : structure d'impact consistant généralement en un cratère (plus ou moins érodé), couche d'ejecta, laves d'impact, brèches, et autres indices de choc à haute pression. (Synonyme de cratère d'impact.)

Bioturbation : action d'organismes fouisseurs (vers, etc.) « jardinant » les sédiments sur plusieurs dizaines de centimètres, et mélangeant au cours du processus leurs plus fins éléments.

Bolide : corps météoritique qui pénètre l'atmosphère terrestre jusqu'au sol. Au sens large dans le texte, tout projectile cosmique (météorite, astéroïde ou comète).

Ejecta : projections expulsées par un phénomène géologique (volcanique ou météoritique). En particulier projections solides et semi-fondues d'un impact (tectites, brèches, etc.). La couche résultante autour du cratère est appelée couverture d'ejecta.

Espèce : ensemble d'individus possédant les mêmes caractéristiques et au sein duquel la reproduction est possible (ex. espèce humaine, brochet, églantine, etc.). La Terre compte aujourd'hui de 20 à 40 millions d'espèces distinctes.

Géo-croiseur : tout corps planétaire (astéroïde ou comète) croisant régulièrement l'orbite de la Terre et pouvant donc se prêter à une collision à plus ou moins brève échéance.

Impactite : lave créée par la fusion des roches cibles sur le site d'un impact. Ressemblant grossièrement à des laves volcaniques mais montrant dans le détail une chimie particulière (souvent contaminée par des métaux cosmiques), les impactites se cantonnent à la cuvette centrale d'un astroblème.

Iridium : métal de la famille du platine, blanc et réfractaire (il fond à 1 950 °C). L'iridium est excessivement rare dans la croûte terrestre (généralement moins de 0,1 nanogramme par gramme de roche), alors qu'il est plus concentré dans le manteau profond. Il est également plus concentré dans les météorites et la matière cosmique primitive en général.

Microtectite : tectite (voir à ce mot) de moins d'un millimètre de taille.

Point chaud : remontée depuis les profondeurs du manteau d'une matière minérale surchauffée et moins dense que son voisinage (panache), donnant lieu en surface à un magmatisme. Le volcanisme de Hawaï ou de l'île de la Réunion sont dus à des points chauds sous-jacents. On recense sur Terre une cinquantaine de ces panaches envahissant la croûte superficielle.

Pyroclastes : projections volcaniques, de type gouttelette de lave, scorie, ou autre cendre, provenant de l'émiettement d'un magma ou d'une roche solide par les gaz d'une éruption.

Quartz choqué : état déformé du quartz lorsque celui-ci a été soumis aux très hautes pressions d'un impact (de l'ordre de plusieurs Gigabars). Il se caractérise par des dislocations de la structure cristalline dans plusieurs plans (déformation multilamellaire). On retrouve des figures de choc équivalentes dans d'autres cristaux comme le feldspath, le zircon, etc.

Régression : Baisse du niveau de la mer, due au pompage de l'eau océanique par les glaces lors d'un refroidissement climatique ; à l'approfondissement de certains bassins océaniques par le jeu de la tectonique des plaques ; à la surrection des côtes ; ou à toute combinaison de ces facteurs.

Sèche : oscillation d'une masse d'eau océanique sous l'effet de la marée ou d'un raz de marée (tsunami).

Shatter cone : figure de choc macroscopique dans les roches affectées par un impact. Ces figures symptomatiques se présentent sous la forme de cônes, pointant dans la direction du point d'impact.

Glossaire

Sidérophile : se dit de tout élément qui se comporte chimiquement comme le fer et l'accompagne au cours de ses réactions et « déplacements » magmatiques. Ainsi le nickel, qui est mélangé au fer dans le noyau terrestre, est un élément sidérophile.

Sphérule : Grain minéral sphérique de taille variable, de l'ordre du millimètre au centimètre de taille. Les sphérules ont des origines multiples. Certaines sont des microtectites – gouttelettes de roche fondues par un impact – et se rencontrent dans les couches d'ejecta des astroblèmes.

Suévite : roche d'impact de type brèche, constituée d'une matrice de fonte d'impact, souvent sombre et mal cristallisée, au sein de laquelle sont préservés des minéraux et des fragments entiers de la roche cible.

Tectite : roche vitreuse aux formes fuselées, dont l'origine fut longtemps mystérieuse. On sait aujourd'hui que les tectites sont des ejecta de cratères d'impact, fragments de matériaux terrestres fondus par le choc et par l'échauffement de leur bond balistique à travers l'atmosphère.

Transgression : Hausse du niveau de la mer due à la fonte des glaces lors d'un réchauffement climatique ; à l'élimination de certains bassins océaniques par le jeu de la tectonique des plaques ; à l'affaissement des côtes ; ou à toute combinaison de ces facteurs.

Trapp : plateau basaltique constitué de multiples couches de lave superposées, pouvant recouvrir une surface d'un million de kilomètres carrés, pour un volume global de plus d'un million de kilomètres cube. Les trapps sont créés par l'arrivée de larges panaches magmatiques à la surface du globe : on en recense une dizaine d'exemples sur Terre au cours des 300 derniers millions d'années.

Tsunami : onde océanique causée par un séisme sous-marin ou par un impact météoritique dans la mer. Pouvant atteindre plusieurs mètres à plusieurs kilomètres (!) d'amplitude, les vagues de tsunami déferlent et oscillent sur les plates-formes continentales, inondant les plaines côtières et bouleversant les sédiments (synonyme : raz de marée).

Index

Les folios en gras renvoient aux illustrations.

A

ablation, 46-48, 142
acide cyanhydrique, 150-151
acide nitrique, 153
acide sulfurique, 154-156
acides aminés, 44-45
Ackerman, 155
Acraman (cratère), 169
aérosols, 154-157, 176
Ahrens, Tom, 158
Alamo (brèche de l'–), 173-174
Alba Patera (volcan), 140
Alberta (couche K/T), 151
alimentation (et extinctions), 161-163
Alvarez, Luis, 29, 183
Alvarez, Walter, 29, 70, 110, 118, 121, **123**, 124, 145
Alvarez (équipe, théorie), 29-33, 37, 63-64, 66, 73, 107, 125, 134-135, 154
Amguid (cratère), 194
ammonites (extinction), 16, 58, 161, 179
Amor (astéroïdes), 199
amphibiens (extinctions et survie), 15, 36, 161-162, 171, 175, 182

andésites (d'impact), 106, 122
ankylosaures, 20, **21**
anomalies gravimétriques, 74, 88, 91-92, 106-107, 110, 126
   au Chicxulub, 106-107, 110-111, 125-126, 129-133, **131**, 145
   à Manson, 88
   à Ust-Kara, 91-92
anomalies magnétiques, 74, 104, 106-107, 110, 126, 179
   au Chicxulub, 106-107, 110, 125-127
anhydrite, **109**, 153-154
antipodal (effet), 140-141, 177
Apollo (astéroïdes), 199
Araguinha Dome (cratère), 93, 175
argile K/T : *voir* couche K/T
Arthur, Michael, 187-188
Asaro, Frank, 29
Asimov, Isaac, 192
astéroïdes, 196-197, 199, **202**, 206, **210**
   détection, 198-199, 202-205
   interception, 206-207
astroblème, 74, **75**, 78, **80**, 83-87, 90-92, **93**, 94-95, 110-111, 127, 167, 169-172, 175,

177-179, 182, 185, 187, 193-194
voir aussi cratère d'impact
Aten (astéroïdes), 199
atmosphère
    échauffement, 142-145, 152, 154, 158, 166, 198
    interaction avec bolide K/T, 136, 152
    refroidissement, 154, 156-157, 163, 183-184
azote (oxydes), *voir* oxydes d'azote

B

Badjukov, 41
Bajpai, S., 56
Baltosser, Robert, 106
Bandhari, 56
Barringer : *voir* Meteor Crater
bassin annulaire, 83
Beloc : *voir* Haïti (couche K/T)
Bice, 178
Bohor, Bruce, 40-41, **41**, 64, 66, 99, 120
bolide K/T
    taille et masse, 33-34, 73, 83, 136
    trajectoire, 144-145
Bosumtwi (cratère), 194-195
boule de feu, 79
Bourgeois, Joanne, 98-99, 139
Boynton, William, 113, 117, 153
brachiosaures, 179
Braman, D. R., 43-44
Brazos River (couche K/T), 97-100, 139
brèche d'impact, 79, **80**, 81, 88, 90, 107, **109**, 111, 184

au Chicxulub, 107, **109**, 111, 123, 126, **127**, 128, 130
Brent (cratère), 170
Brett, Robin, 153
bunker (effet), 35, 163
Buffetaut, Éric, 21, 67
Burke, Kevin, 94
Byars, Carlos, 109-110

C

C-1 (carotte) : *voir* Chicxulub-1
calcaire : *voir* carbonates
Camargo, Antonio, 107, 109-113, **123**
Cambrien (explosion et extinctions du –), 168-169, 185
Caravaca (couche K/T), **31**, 33, 38, **149**
carbonates, 117, 126, 154, 165
carbone
    anomalies isotopiques, 158-159, 169-171, 175
    élémentaire, 147-149, **149**, 156, 158
    organique, 150
    oxydes : *voir* oxydes de carbone
Carbonifère terminal (extinction), 174
Carlisle, D. B., 43-44
Carnien (extinction), 177, 185
carottage et carottes, 88, 106, **108-109**, 111, **112**, 117-119, 122-125, 130, 153, 175, 179
Casier, Jean-Georges, 171
catastrophisme, 12, 59, 68-69
cavité transitoire (d'un cratère), 79-81, 111, 128, 134, 142
Cedillo-Pardo, Esteban, 119

Index

Cénomanien (extinction du –), 181, 185
cenote, 115, **116**, 129, **131**
chaîne alimentaire (effondrement), 135, 155-156, 161-162, 195
Charlevoix (cratère), 93, 172
Chesapeake (cratère), 93, 182-183, 186
Chichen-Itza, 115
Chicxulub
  nom, 113-114
  port (puerto), 113, 126, **156**
  village (pueblo), **157**
Chicxulub (cratère), 93, **105**, 106-134, **131**, 185, 189, 196
  âge, 118, 120
  anomales gravimétriques, 106-107, 110-111, 125-126, 129-133, **131**, 145
  anomalies magnétiques, 106-107, 110, 125-127
  brèches, 107, 109, 111, 123, 126, **127**, 128, 130, **131**
  carottes (forage), 106, **108-109**, 111, **112**, 117-119, 122-125, **127**, 130, 153
  carte, **112**
  datation, 118-119
  ejecta, 100-101, 111, 119, 121, 123-125, 128, 130, 141-143, 152
  effets : *voir* impact, effets
  énergie d'impact, 38, 40, 129, 134-136
  laves d'impact, 107, 111, 117, 119-124, 126-129, **127**, 131, **132**
  morphologie, 111
  pic/plateau central, 107, 125-128, **127**
  structure, 114-116, 125-128, 132, 134
  taille, 109, 111, 128-130, 132-134
  tectonique, 114-115
Chicxulub-1 (carottes, forage), **108**, 111, **112**, 119, 122, 125
chlorophylle (inhibition de la –), 151
cible (composition, effet de –), 76, 78-79, 117, 120, 122, 141, 153-155, 166
Claeys, Philippe, 118, 171
Clearwater Lakes (cratères), 91, **92**, 93, 174
coésite, 79
Colombie (bassin de –), 104-105
comète, 34-35, 37, 45, 127, 150-151, 188, 197-198, **200-201**, 204, **205**, 206, **207**
  de Halley, 151, **205**
  de Shoemaker/Levy, 197-198, **200-201**
  détection, 200-201, 206
  interception, 206-207
contamination chimique, 38, 43, 150, 153
Copernic (cratère), 82, **82**
corail (extinction), 14, 15, 170-171
couche K/T, 23-34, **24**, **31**, **35-36**, 37-45, **46-47**, 48, 50-62, 64, 66, 73-77, 79, 83, 87, 89, 98-104, **100**, 116-118, 120, 124-125, 136, 141, 147-151, 158, **172-173**, **184**
  en Alberta, 151
  à Brazos River, 97-100
  à Caravaca, **31**, 33, 38, **149**
  à El Kef, **36**, 48, 59

à El Peñon, **41, 101-102**
à Gubbio, 23-24, **24**, 37, 41
à Haïti (Beloc), **39**, 99-104, **104**, 117-119
à Hawaï, 39
à Hells Creek, 40
à Mimbral, 46, 124-125, **172-173**
en Nouvelle-Zélande, 37, 39, 66
à Stevns Klint, 33, 37, 41, 45
couche d'ozone, 152
Courtillot, Vincent, 54-55, 67, 176, 186-187
cratère K-T (localisation et taille), 43, 75-77, 83-87, 99-101, 104-112, **112**, 125
et voir Chicxulub (cratère)
cratères d'impact, 73-92, 166-167, 185-186
  carte des –, **89**
  complexes, **80**, 81-85
  de la Lune, 78, 81-82, **82**
  doubles, 91, **92**
  liste des –, 78, 86, 194
  simples, 79, 81
  sous-marins, 74-75, 91-92
  structure et formation des –, 78-84, **80**
  table des –, **93**, **194**
Crétacé
  carte du Monde au –, **17**
  climat au –, 19
  extinction de la fin du –, 14, 16, 22-23, 35-36, 139, 149-150, 185, 189
crocodiles (extinctions et survie), 161-162, 181
Cuba (site K/T), 99, 102
Cuvier, Georges, 12

cycles (d'extinctions, d'impacts), 186-189

D

Dao-Yi, 175
Darwin, Charles, 175
datation (radiochronologie), 89-90, 94-95, 118, 120
  du Chicxulub, 118, 120
Davenport, Stewart, 151
Deccan (trapps du –), 53-58, **54**, 68, 73, 140-141, 176-177
Dévonien terminal (extinction du –), 14-15, 171-174, 185
diamants (K/T), 43-44
Dietz, Robert, 63, 88
dinosaures (vie et extinctions), 14, 16, 20-22, 56-58, 161-163, 177-179, 181
  d'Amérique, 25, 57-58
  de France, 20-22, **20-21**, 57
  d'Inde, 56-57
  œufs de –, 21-22, 56
Diplodocus, 179
dioxydes : *voir* oxydes
Doukhan, Jean-Claude, 174
Drake, Charles, 50-53, 176
Duller, Charles, 114

E

ébranlement sismique, 139-140
eau douce (écosystème, extinctions), 36, 153, 162-163
échauffement atmosphérique : *voir* atmosphère

Index

effet de serre, 154, 157-158
ejecta d'impact, 76, 79, 81, 83, 117-119, 167, 179, 182-183, 198
   au Chicxulub, 100-101, 111, 119, 121, 123-125, 128, 130, 141-143, 152
El Kef (couche K/T), **36**, 48, 59
El Peñon (couche K/T), **41, 101-102**
Eltanin (site d'impact), 184
Emiliani, Cesare, 38, 138
énergie d'impact : *voir* impact, énergie
Éocène terminal (extinction de l'–), 181-186, 189
EOS (revue), 113-114
éruptions volcaniques : *voir* volcanisme
espèce, 13, 58, 160, 196
Europe (au Crétacé), 18-19
extinctions, 12-16, 160, 167, 185-187, 189
   de la fin du Crétacé, **14**, 16, 22-23, 35-36, 139, 149-150, 160-163, 165, 181, 185, 189
   de la fin du Dévonien, **14**, 15, 171-174, 185
   de la fin de l'Éocène, 181-186, 189
   de la fin du Jurassique, 178-179, 185-186
   de la fin de l'Ordovicien, **14**, 15, 169-170, 185
   de la fin du Permien, **14**, 15, 174-177, 185-187
   de la fin du Pliocène, 183, 185, 189
   de la fin du Trias, **14**, 16, 177-178, 185-186
   du Cambrien, 168-169, 185
   du Carnien, 177, 185
   du Cénomanien, 181, 185
   du Miocène, 183-184
   du Pliensbachien, 178

F

feux de forêt, 145, 148-150, 156, 158, 192
Fischer, Arthur, 187-88
flore (extinctions et survie), 14, 149-150, 175, 178
Folamour (océan), 165, 169
fonte d'impact : *voir* laves d'impact
forage : *voir* carottage
fossiles, 15, 25, 57-61, 150, 158
fougères, 150, 178
France (au Crétacé), 19
Frasnien/Famménien (F/F) : *voir* extinction de la fin du Dévonien
French, Bevan, 63, 87

G

Ganapathy, R., 33-34, 37
Gaspra (astéroïde), **202**
gaz carbonique : *voir* oxydes de carbone
géo-croiseurs, 199, 202-204
Geology (revue), 113-114, 120-121
Ghevariya, Z. G., 56
Gilmour, Iain, 43
glaciation, 177, 183-184
Glen, William, 62, 67

golfe du Mexique, 97, 99, 102, **105**, 106, **112**, 126, 128, 139
Goodfellow, 178
Gosses Bluff (cratère), 83-85, **84-85**, 179
gradualisme, 13, 57-59, 63-64, 66, 68-69
Grazales-Nishimura, José, 119
Greeley, Ron, 140
grès (à la limite K/T), 98-100, 124-125
Grieve, Richard, 62-63
Gubbio (couche K/T), 23-24, **24**, 30, 32, 41
gypse, **109**, 153

H

hadrosaures, 25, 57
Haggerty, Bruce, 185
Haïti (couche K/T), **39**, 99-104, 117-119
Halley (comète de –), 151, **205**
Hawaï
  couche K/T, 39
  volcanisme, **51**, 51-52
Hellas (bassin), 140
Hildebrand, Alan, 100-101, **103**, 104, 110-113, 119, 124-125, 127-134, 143-144, 153
Hoffman, Antoni, 63
Holtzman, Allan, 88
homo erectus (impacts contemporains de –), 194-195
homo sapiens (impacts contemporains de –), 194, 196
Horner, Jack, 68
Houston Chronicle (journal), 109

Hsü, Kenneth, 38, **65**, 151, 165, 168-169
Hut (Piet), 133, 138, 189
hypothèse cosmique : *voir* Alvarez (équipe, théorie)

I

ichtyosaures (extinctions), 178
Ida (astéroïde), **202**
impact (phénomène)
  au Chicxulub, 135-137, **137**
  au laboratoire, 144-146, **146-147**
  effets biologiques, 143, 148-149, 160-163
  effets physiques et chimiques, 136-144, 149-158
  en mer, 38, 43, 74-76, 97, 99, 138-139, **172**, 173, 179, 181
  énergie, 38, 40, 129, 134-140, 166, 192-193, 198, **201**
  fréquence et probabilité, 167, 186, 188-189, 193-196, 198-199
  multiple, 77, 91, **92**, 93, 94, 170-174, 179, 188-189, 198
  oblique, 144-146, **146-147**
  sur Jupiter, 197-198, **200-201**
impactite : *voir* laves d'impact
insectes (extinctions), 175
iridium
  à la fin du Crétacé (couche K/T), 29-33, **36**, 37-40, 48, 58, 68-70, 73, 76, 83, 100, 125, 136

Index 233

à la fin du Dévonien, 171, 174
à la fin de l'Éocène, 182
à la fin du Jurassique, 179
à la fin de l'Ordovicien, 170
à la fin du Permien, 175, 177
à la fin du Pliocène, 183
à la fin du Trias, 178
au Cambrien, 169
au Cénomanien, 181
au Chicxulub, 123-124
au Miocène, 183
composition isotopique, 32
origine marine, 50
origine volcanique, 32-33, 50-52, 55
Izett, Glen, 41, 118-119

J

Jupiter (impact sur –), 197-198, **200-201**
Jurassique (extinction de la fin du –), 178-179, 185-186

K

K/T : *voir* couche K/T, extinction de la fin du Crétacé
Kaluga (cratère), 172
Kamensk (cratère), 94
Kara (cratère), 90-95
Keller, Gerta, 59
Kilauea (volcan), **51**, 51-52
Koeberl, Christian, 91, 124, 179
Kring, David, 100, 113, 117
Krogh, Thomas, 120
Kyte, Frank, 33, 183

L

Laubenfels (de), M. W., 34
laves d'impact, 78, **80**, 81, 90-91, 107, 120-121, 124
au Chicxulub, 107, 111, 117, 119-124, 126-129, **127**
lechatelierite, 78
Le Lœuff, Jean, 21, 67
Leroux, Hugues, 174
Levy, David, 197
Lipps, Jere, 61
Lonar (cratère), 193-194
Lyell, Charles, 13
Lyons, John, 120-121

M

McLaren, Digby, 168, 171, 178
McLean, Dewey, 51
Malouines (plateau), 176-177
mammifères (extinction et survie), 16, 161, 163, 177, 181-182
Manicouagan (cratère), 87, 93, 178, **180**, 185, 187
Manson (cratère), 87-91, 93-95, 112, 119, 181, 189
Marin, Luis, 130
Maupertuis (de), Pierre-Louis, 34
Maurasse, Florentin, 100
Méchin, Annie et Patrick, 21
média (rôle des –), 70-71, 130
Melosh, Jay, 142-143
mercure, 153
Merida, 106, 113-115, **116**
métaux toxiques, 151-153
Meteor Crater (Arizona), 62, 77, 193-194, 204

météorites, 29-30, 46-47, 151
Meyerhoff, Arthur, 120-121
Mimbral (couche K/T), **46**, 124-125, **172-173**
minéraux choqués, 40-43, 52, 74, 78, 111, 120-123, 141, 167, 170, 178
  et voir quartz choqué, zircon choqué
Miocène (extinction du –), 183
Mjølnir (cratère), 93, 179
Montanari, Alessandro, **24**, 118, 124, 182
Morgan, Jo, 133
Morokweng (cratère), 93, 179
mosasaures (extinctions), 16, 161, 181

N

Nature (revue), 113-114, 117, 130, 132
Nemesis (étoile), 188
New York Times (journal), 62
nickel
  dans spinelle, 45-46
  toxique, 151-152
Nitecki, Matthew, 63
niveau marin (au Crétacé), 18-19, 102
Nouvelle-Zélande
  couche K/T, 37, 39, 66
  impact récent en –, 193
nuage d'ejecta, 135, 154-156, 195

O

obscurcissement planétaire, 135, 154-156, 160, 163, 166

Ocampo, Adriana, 114
œufs (de dinosaures), 21-22, 56
Officer, Charles, 50-53, 120, 176
O'Keefe, John, 158
onde de choc, 79, **80**, 137-141, 152, 186, 192
Ordovicien (extinction de la fin de l'–), **14**, 15, 169-170, 185
Orth, 171
Ortiz-Aleman, 130
osmium, 34, 124
oxydes d'azote, 152, 154, 158
oxydes de carbone, 154, 158
oxydes de soufre, 153-154
oxygène (anomalies isotopiques), 158, 175, 183
ozone (couche d'–), 152

P

paléomagnétisme, 26, 126
Parana (trapps du –), 186
Pemex, 106-107, **108**, 111, 113, 120, 122, 153
Penfield, Glen, 107, 109-110, 112-113, **123**
Peng, H., 183
période glaciaire : *voir* glaciation
périodicité : *voir* cycle
Permien (extinction de la fin du –), **14**, 15, 174-177, 185-187
Perry, Eugène, 153
photosynthèse (arrêt de la –), 135, 155-156, 160, 162-163
Pike, Richard, 130

Pilkington, Mark, 113, 125, 127-128, 130, 132-134
Pillmore, Chuck, 25, 41, **60**
Pilot Lake (cratère), 170
piton/plateau central, 82-83, **82, 84-85**, 88, 90, 107
  au Chicxulub, 107, 125-128
  de Copernic, **82**
  de Kara, 90
  de Manson, 88
placodontes (extinctions), 178
plancton (extinctions), **14**, 15-16, 23, 59-61, 158, 160, 165, 170-171, 178, 181, 183
plantes (extinctions) : *voir* flore (extinctions)
Pliensbachien (extinction du –), 178
Pliocène (extinction de la fin du –), 183, 185, 189
pluies acides, 152-154
plutonium, 32
Poag, Wiley, 182
point chaud (volcanisme), 51, 177, 186
poissons (extinctions), **14**, 15-16, 161-162, 170-171
Pollack, 155
Pope, Kevin, 114-115, 129, 132, 134, 153, 156
Popigai (cratère), 44, 87, 93, 182-183, 186
Pueblo Chicxulub, **157**
Puerto Chicxulub, 113, 126, **156**
pression d'impact, 40
profil sismique
  à Chesapeake, 182
  au Chicxulub, 110, 125, 133
Provence (au Crétacé), 19-21
Puchezh-Katunki (cratère), 87, 93, 177, 185

Q

quartz choqué, 40-43, **42**, 52-53, 55, 64, 66, 76-78, 87-88, 90, 100, 111, 121, 123, 125, 141, 145, 174-175, 178-179, 182

R

Rabaul (volcan), **159**
radiochronologie : *voir* datation
Rampino, Michael, 168, 176-177, **184**, 185
Raup, David, 187-188
raz de marée : *voir* tsunami
refroidissement : *voir* atmosphère
Renne, Paul, 176
reproduction (et extinctions), 21-22, 162
reptiles (extinctions et survie), 15-16, 161, 175, 177, 182
Retallack, Gregory, 175
Rezanov, 94
Rhabdodon, 20, **20**
Ries (cratère), 183, 194
Robin, Éric, **41, 46**, 48, 53, 67, 69, 77
Rocchia, Robert, **31**, 37, 55, 58, 67-69
Russell, Dale, **26**, 58, 66, 181

S

Sacapuc-1 (S-1, forage, carottes), **112**, 125
Sainte-Victoire (montagne), 19
salve d'impacts : *voir* impact multiple
sanidine, 76-77

Schultz, Peter, 144-145
Science (revue), 33, 64, 119
séisme (d'impact), 139-140
Sepkoski, Jack, 167, 187-188
Sharpton, Virgil, 91, 94, 120, 122, 129-130, 132, 134, 151
shatter cone, **80**, 90
Shoemaker, Caroline, 197
Shoemaker, Eugene, 38, 62-63, 138, 197, 199
Shoemaker-Levy (comète de –), 197-198, **200-201**
Short, Frank, 88
Sibérie (trapps de –), 176-177, 186-187
Sierra Madera (cratère), 87
Signor, Philip, 61
Sigurdson, Haraldur, 153
Siljan (cratère), 93, 172
sismologie : *voir* profil sismique
Smit, Jan, 33, 38, 58-59, **71**, 97, 118, 124
Spacewatch (programme), 203
sondage d'opinion, 63-64
soufre (au Chicxulub), 117, 153-154
sphérule, 38-40, 69, 76, 100, 117-118, 125, 171, 175, 177, 182-183
et voir tectite
spinelle, **36**, 45-48, **47**, 53, 58, 69, 74, 77, 136, 141, 170
spore, 150, 175, 178
Stevns Klint (couche K/T), 33, 37, 41, 45
stishovite, 79
Strangways (cratère), 170
substances toxiques : *voir* contamination chimique
Sudbury (cratère), 52, 86, 93, 116, 121-122, 127, 168

suévite, 79
suie de combustion : *voir* carbone élémentaire
sulfates (au Chicxulub), 117, 153
supernova, 27, 32-33, 66
Swisher, Carl, 118-119

T

taille de l'espèce (et extinctions), 160-161
Tarascosaurus, 20
tectite, 37-40, **39**, 69, 100, **104**, 117, 145, 167, 170-171, 182-183
tectonique des plaques, 17-19, 74-75
Teller, Edward, 210
température (au Crétacé), 35-38
  et voir atmosphère (échauffement, refroidissement)
Téthys (mer), **17**, 18
titanosaures, 20, 22
Toba (volcan), 52, 55
Toon, Owen, 155-156
Toungouska (impact de la –), 34-35, 191-193, 198, 204
Toutatis (astéroïde), 204
trapps volcaniques, 53-58, **54**, 186-187
  du Deccan, 53-58, **54**, 73, 186
  du New Jersey (Atlantique Nord), 178, 186-187
  du Parana, 186
  de Sibérie, 176-177, 186-187
Trias (extinction de la fin du –), **14**, 16, 177-178, 185-186

Index 237

trilobites (extinctions), **14**, 15, 170-171
tsunami (d'impact), **65**, 97-99, **101-102**, 124-125, 138-139, **172-173**, 173, 182, 184
tyrannosaures, 20, 57, **60**

U

Urey, Harold, 36-38
Ust-Kara (cratère), 91-93

V

vapeur d'eau, 158
Variraptor, 21
végétation : *voir* flore
Venkatesan, T. R., 55
vent (d'impact), 138, 155
Vogt, Peter, 51, 54
volcanisme
  causé par impact, 140-141, 177, 186-187
  modèle atmosphérique, 154-155, **159**
  rôle dans la crise K/T, 32-33, 50-57, **51, 54**, 68, 73, 120-121, 176
  rôle dans les autres extinctions, 176-177, 186-187
Vredefort (cratère), 52, 86, 93, 116, 168

W

Wang, 171
Ward, Peter, 58
Warner, Mike, 133
Wdowiak, Thomas, 151
Wolbach, Wendy, 146, **148**, 148-149, 151
Wu, 183

Y

Y-2 : *voir* Yucatan-2
Y-6 : *voir* Yucatan-6
Yuan, 183
Yucatan, 102, **105**, 105-111, **112**, 114-117, 120, 122, 129, 132-134, 141
Yucatan-2 (forage, carottes), **109**, 111, **112**
Yucatan-6 (forage, carottes), 111, **112**, 117, 122, 124-125

Z

Zhamanshin (cratère), 194
zircon, 42, 120, 179
Zoller, Ed, 51
Zuppero, T., 211

Table

Avant-propos 7

Chapitre 1. – **La grande extinction du Crétacé** 11
  Un rappel historique 12
  Des massacres planétaires 13
  La fin du Crétacé 16
  Une fausse piste 19
  L'argile de Gubbio 23
  Le tour des hypothèses 25

Chapitre 2. – **L'hypothèse de l'impact** 29
  L'hypothèse de l'impact 32
  Les précurseurs 34
  L'hypothèse se confirme 37
  Les quartz choqués 39
  Une poussière de diamants 43
  Le témoignage des spinelles 45

Chapitre 3. – **La controverse** 49
  L'hypothèse volcanique 50
  Les trapps du Deccan 53
  La charge des gradualistes 57
  Sociologie d'une controverse 61
  Une guerre interdisciplinaire 64
  Tempête sous un crâne 67
  Vers une meilleure communication 70

Chapitre 4. – **À la recherche du cratère** 73
  Des pistes contradictoires 75
  Connaissance des cratères 77

Cratères simples et cratères complexes	79
La liste des candidats	85
Manson, suspect numéro un	88
Le candidat russe	90
Le verdict de l'argon	94

Chapitre 5. – **La découverte du Chicxulub** ... 97

Les grès de la Brazos River	98
Haïti : le filet se resserre	99
Pleins feux sur les Caraïbes	102
Chronique d'un cratère annoncé	106
Point zéro : Chicxulub	110
Les satellites à la rescousse	114
Été 92 : le verdict des chiffres	116
Les réactions	119
À l'assaut du Chicxulub	121
Structure du cratère	125
La folie des grandeurs	128
Retour sur le terrain	130
Un consensus international	133

Chapitre 6. – **Scénario d'une catastrophe** ... 135

Cinq milliards d'Hiroshima	135
Ouragan et raz de marée	137
L'ébranlement sismique	139
Bombardement d'ejecta	141
La grande rôtissoire	142
Un impact oblique	144
L'embrasement des forêts	146
Substances toxiques	150
Les démons du Yucatan	153
La nuit la plus longue	154
Coup de froid et effet de serre	157
Sélectivité des extinctions	159
Le bunker des survivants	162

Chapitre 7. – **Impacts et extinctions** ... 165

Vers une théorie des impacts	166
Les extinctions au crible	167
La fin de l'Ordovicien	169
La fin du Dévonien	171

La fin du Permien	174
Premiers émois chez les dinosaures	177
Les extinctions du Tertiaire	181
À la recherche d'une synthèse	185
Histoires de cycles	187

Chapitre 8. – **La Terre face aux impacts** 191
   Une gifle en 1908 191
   Massacres planétaires 193
   De l'extinction de l'humanité 195
   La comète de Shoemaker-Levy 197
   L'arsenal du système solaire 198
   Les moyens de détection 201
   Vers une protection mondiale 204
   Le billard et le bouclier 208

Bibliographie 213
   Livres 213
   Articles 214

Glossaire 223

Index 227

COMPOSITION : CHARENTE-PHOTOGRAVURE À L'ISLE-D'ESPAGNAC
IMPRESSION : MAURY-EUROLIVRES – 45300 MANCHECOURT
DÉPÔT LÉGAL : AVRIL 1999 – N° 36173 (99/03/70320)

Collection Points

SÉRIE SCIENCES

dirigée par Jean-Marc Lévy-Leblond et Nicolas Witkowski

S1. La Recherche en biologie moléculaire
    ouvrage collectif
S2. Des astres, de la vie et des hommes
    par Robert Jastrow (épuisé)
S3. (Auto)critique de la science
    par Alain Jaubert et Jean-Marc Lévy-Leblond
S4. Le Dossier électronucléaire
    par le syndicat CFDT de l'Énergie atomique
S5. Une révolution dans les sciences de la Terre
    par Anthony Hallam
S6. Jeux avec l'infini, *par Rózsa Péter*
S7. La Recherche en astrophysique, *ouvrage collectif*
    (nouvelle édition)
S8. La Recherche en neurobiologie *(épuisé)*
    (voir nouvelle édition, S 57)
S9. La Science chinoise et l'Occident
    par Joseph Needham
S10. Les Origines de la vie, *par Joël de Rosnay*
S11. Échec et Maths, *par Stella Baruk*
S12. L'Oreille et le Langage
    par Alfred Tomatis (nouvelle édition)
S13. Les Énergies du Soleil, *par Pierre Audibert*
    en collaboration avec Danielle Rouard
S14. Cosmic Connection ou l'Appel des étoiles
    par Carl Sagan
S15. Les Ingénieurs de la Renaissance, *par Bertrand Gille*
S16. La Vie de la cellule à l'homme, *par Max de Ceccatty*
S17. La Recherche en éthologie, *ouvrage collectif*
S18. Le Darwinisme aujourd'hui, *ouvrage collectif*
S19. Einstein, créateur et rebelle, *par Banesh Hoffmann*
S20. Les Trois Premières Minutes de l'Univers
    par Steven Weinberg
S21. Les Nombres et leurs mystères
    par André Warusfel
S22. La Recherche sur les énergies nouvelles
    ouvrage collectif
S23. La Nature de la physique, *par Richard Feynman*
S24. La Matière aujourd'hui, *par Émile Noël et al.*
S25. La Recherche sur les grandes maladies
    ouvrage collectif

- S26. L'Étrange Histoire des quanta
  par Banesh Hoffmann et Michel Paty
- S27. Éloge de la différence, *par Albert Jacquard*
- S28. La Lumière, *par Bernard Maitte*
- S29. Penser les mathématiques, *ouvrage collectif*
- S30. La Recherche sur le cancer, *ouvrage collectif*
- S31. L'Énergie verte, *par Laurent Piermont*
- S32. Naissance de l'homme, *par Robert Clarke*
- S33. Recherche et Technologie, *Actes du Colloque national*
- S34. La Recherche en physique nucléaire
  ouvrage collectif
- S35. Marie Curie, *par Robert Reid*
- S36. L'Espace et le Temps aujourd'hui
  ouvrage collectif
- S37. La Recherche en histoire des sciences
  ouvrage collectif
- S38. Petite Logique des forces, *par Paul Sandori*
- S39. L'Esprit de sel, *par Jean-Marc Lévy-Leblond*
- S40. Le Dossier de l'Énergie
  par le Groupe confédéral Énergie (CFDT)
- S41. Comprendre notre cerveau
  par Jacques-Michel Robert
- S42. La Radioactivité artificielle
  par Monique Bordry et Pierre Radvanyi
- S43. Darwin et les Grandes Énigmes de la vie
  par Stephen Jay Gould
- S44. Au péril de la science ?, *par Albert Jacquard*
- S45. La Recherche sur la génétique et l'hérédité
  ouvrage collectif
- S46. Le Monde quantique, *ouvrage collectif*
- S47. Une histoire de la physique et de la chimie
  par Jean Rosmorduc
- S48. Le Fil du temps, *par André Leroi-Gourhan*
- S49. Une histoire des mathématiques
  par Amy Dahan-Dalmedico et Jeanne Peiffer
- S50. Les Structures du hasard, *par Jean-Louis Boursin*
- S51. Entre le cristal et la fumée, *par Henri Atlan*
- S52. La Recherche en intelligence artificielle
  ouvrage collectif
- S53. Le Calcul, l'Imprévu, *par Ivar Ekeland*
- S54. Le Sexe et l'Innovation, *par André Langaney*
- S55. Patience dans l'azur, *par Hubert Reeves*
- S56. Contre la méthode, *par Paul Feyerabend*
- S57. La Recherche en neurobiologie
  ouvrage collectif
- S58. La Recherche en paléontologie
  ouvrage collectif

- S59. La Symétrie aujourd'hui, *ouvrage collectif*
- S60. Le Paranormal, *par Henri Broch*
- S61. Petit Guide du ciel, *par A. Jouin et B. Pellequer*
- S62. Une histoire de l'astronomie
  par Jean-Pierre Verdet
- S63. L'Homme re-naturé, *par Jean-Marie Pelt*
- S64. Science avec conscience, *par Edgar Morin*
- S65. Une histoire de l'informatique
  par Philippe Breton
- S66. Une histoire de la géologie, *par Gabriel Gohau*
- S67. Une histoire des techniques, *par Bruno Jacomy*
- S68. L'Héritage de la liberté, *par Albert Jacquard*
- S69. Le Hasard aujourd'hui, *ouvrage collectif*
- S70. L'Évolution humaine, *par Roger Lewin*
- S71. Quand les poules auront des dents
  par Stephen Jay Gould
- S72. La Recherche sur les origines de l'univers
  par La Recherche
- S73. L'Aventure du vivant, *par Joël de Rosnay*
- S74. Invitation à la philosophie des sciences
  par Bruno Jarrosson
- S75. La Mémoire de la Terre, *ouvrage collectif*
- S76. Quoi ! C'est ça, le Big-Bang ?
  par Sidney Harris
- S77. Des technologies pour demain, *ouvrage collectif*
- S78. Physique quantique et Représentation du monde
  par Erwin Schrödinger
- S79. La Machine univers, *par Pierre Lévy*
- S80. Chaos et Déterminisme, *textes présentés et réunis
  par A. Dahan-Dalmedico, J.-L. Chabert et K. Chemla*
- S81. Une histoire de la raison, *par François Châtelet
  (entretiens avec Émile Noël)*
- S82. Galilée, *par Ludovico Geymonat*
- S83. L'Age du capitaine, *par Stella Baruk*
- S84. L'Heure de s'enivrer, *par Hubert Reeves*
- S85. Les Trous noirs, *par Jean-Pierre Luminet*
- S86. Lumière et Matière, *par Richard Feynman*
- S87. Le Sourire du flamant rose
  par Stephen Jay Gould
- S88. L'Homme et le Climat, *par Jacques Labeyrie*
- S89. Invitation à la science de l'écologie
  par Paul Colinvaux
- S90. Les Technologies de l'intelligence
  par Pierre Lévy
- S91. Le Hasard au quotidien, *par José Rose*
- S92. Une histoire de la science grecque
  par Geoffrey E. R. Lloyd

S93. La Science sauvage, *ouvrage collectif*
S94. Qu'est-ce que la vie?, *par Erwin Schrödinger*
S95. Les Origines de la physique moderne
par I. Bernard Cohen
S96. Une histoire de l'écologie, *par Jean-Paul Deléage*
S97. L'Univers ambidextre, *par Martin Gardner*
S98. La Souris truquée, *par William Broad et Nicholas Wade*
S99. A tort et à raison, *par Henri Atlan*
S100. Poussières d'étoiles, *par Hubert Reeves*
S101. Fabrice ou l'École des mathématiques, *par Stella Baruk*
S102. Les Sciences de la forme aujourd'hui, *ouvrage collectif*
S103. L'Empire des techniques, *ouvrage collectif*
S104. Invitation aux mathématiques, *par Michael Guillen*
S105. Les Sciences de l'imprécis, *par Abraham A. Moles*
S106. Voyage chez les babouins, *par Shirley C. Strum*
S107. Invitation à la physique, *par Yoav Ben-Dov*
S108. Le Nombre d'or, *par Marguerite Neveux*
S109. L'Intelligence de l'animal, *par Jacques Vauclair*
S110. Les Grandes Expériences scientifiques
par Michel Rival
S111. Invitation aux sciences cognitives
par Francisco J. Varela
S112. Les Planètes, *par Daniel Benest*
S113. Les Étoiles, *par Dominique Proust*
S114. Petites Leçons de sociologie des sciences
par Bruno Latour
S115. Adieu la Raison, *par Paul Feyerabend*
S116. Les Sciences de la prévision, *collectif*
S117. Les Comètes et les Astéroïdes
par A.-Chantal Levasseur-Legourd
S118. Invitation à la théorie de l'information
par Emmanuel Dion
S119. Les Galaxies, *par Dominique Proust*
S120. Petit Guide de la Préhistoire
par Jacques Pernaud-Orliac
S121. La Foire aux dinosaures, *par Stephen Jay Gould*
S122. Le Théorème de Gödel
*par Ernest Nagel / James R. Newman
Kurt Gödel / Jean-Yves Girard*
S123. Le Noir de la nuit, *par Edward Harrison*
S124. Microcosmos, Le Peuple de l'herbe
par Claude Nuridsany et Marie Pérennou
S125. La Baignoire d'Archimède
par Sven Ortoli et Nicolas Witkowski
S126. Longitude, *par Dava Sobel*
S127. Petit Guide de la Terre, *par Nelly Cabanes*
S128. La vie est belle, *par Stephen Jay Gould*

S129. Histoire mondiale des sciences, *par Colin Ronan*
S130. Dernières Nouvelles du cosmos.
Vers la première seconde, *par Hubert Reeves*
S131. La Machine de Turing
par Alan Turing et Jean-Yves Girard
S132. Comment fabriquer un dinosaure
par Rob DeSalle et David Lindley
S133. La Mort des dinosaures, *par Charles Frankel*

Collection « Science ouverte »
dirigée par Jean-Marc Lévy-Leblond

Pierre Achard et al., *Discours biologique et Ordre social*, 1977
Jean-Pierre Adam, *Le Passé recomposé*, 1988
Alexander Alland, *La Dimension humaine*, 1974
Jean-Pierre Allix, *L'espace humain*, 1996
Jacques Arsac, *Les Machines à penser*, 1987
Peter W. Atkins, *Comment créer le monde*, 1993
Henri Atlan, *A tort et à raison**, 1986
Henri Atlan & Catherine Bousquet
    Questions de vie, 1994
Madeleine Barthélémy-Madaule
    Lamarck ou le Mythe du précurseur, 1979
Stella Baruk, *Échec et Maths**, 1973
    Fabrice ou l'École des Mathématiques*, 1977
    L'Age du capitaine*, 1985
    Dictionnaire de Mathématiques élémentaires, 1992
    C'est à dire, 1993
Jean Bernard, Marcel Bessis, Claude Debru (sous la dir. de)
    Soi et Non-Soi, 1990
Marcel Blanc, *Les Héritiers de Darwin*, 1990
Philippe Breton, *A l'image de l'homme*, 1995
William Broad & Nicholas Wade, *La Souris truquée**, 1987
Jean-Louis Boursin, *Les Dés et les Urnes*, 1990
Henri Broch, *Le Paranormal**, 1985
Mario Bunge, *Philosophie de la physique*, 1975
Max de Ceccatty, *Conversations cellulaires*, 1991
Jean Chaline, *Une famille peu ordinaire*, 1994
Giovanni Ciccotti et al., *L'Araignée et le Tisserand*, 1979
Robert Clarke, *Naissance de l'homme**, 1982
Claudine Cohen, *Le Destin du mammouth*, 1994
Paul Colinvaux, *Les Manèges de la vie**, 1982
Harry Collins, *Experts artificiels*, 1992
Harry Collins & Trevor Pinch
    Tout de ce que vous devriez savoir sur la science, 1994
Benjamin Coriat, *Science, technique et capital*, 1976
Michel Crozon, *La Matière première*, 1987

* L'astérisque indique les ouvrages disponibles dans la série de poche « Points Sciences ».

Michel Cribier, Michel Spiro & Daniel Vignaud
   La Lumière des neutrinos, 1995
Thomas Crump, *Anthropologie des nombres*, 1995
William C. Dement, *Dormir, rêver*, 1981
Antoine Danchin, *Une aurore de pierres*, 1990
Alain Dupas, *La Lutte pour l'espace*, 1977
Freeman Dyson, *D'Éros à Gaïa*, 1995
Albert Einstein et Max Born, *Correspondance 1916-1955*, 1988
Albert Einstein et Mileva Maric
   Lettres d'amour et de science, 1993
Ivar Ekeland, *Le Calcul, l'imprévu**, 1984
   Au hasard, 1991
Julio Fernandez ostolaza et Alvaro Moreno Bergareche
   La Vie artificielle, 1997
Paul Feyerabend, *Contre la méthode**, 1979
   Adieu la Raison, 1989
   Dialogues sur la connaissance, 1996
Peter T. Furst, *La Chair des dieux,* 1974
Jean-Gabriel Ganascia, *L'Ame-Machine*, 1990
Jacques Gapaillard, *Et pourtant, elle tourne !*, 1993
Martin Gardner, *L'Univers ambidextre**, 1985
Bertrand Gille, *Les Mécaniciens grecs*, 1980
Jean Gimpel, *La Fin de l'avenir*, 1992
Stephen J. Gould, *Le Sourire du flamant rose**,1988
   La vie est belle, 1991
   La Foire aux dinosaures, 1993
   Le Livre de la vie, (sous la dir. de), 1993
   Comme les huit doigts de la main, 1996
George Greenstein, *Le Destin des étoiles*, 1987
Mirko D. Grmek (collectif sous la dir.)
   Histoire de la pensée médicale en Occident, Tome I, 1995
Francis Hallé, *Un monde sans hiver*, 1993
Edward Harrison, *Le Noir de la nuit*, 1990
Marie-Angèle Hermitte, *Le Sang et le Droit*, 1996
P. Huard, J. Bossy, G. Mazars, *Les Médecines de l'Asie*, 1978
Giorgio Israel, *La Mathématisation du réel*, 1996
Albert Jacquard, *Éloge de la différence**, 1981
   Au péril de la science ?*, 1984
   L'Héritage de la liberté*, 1986
Jean Jacques, *Les Confessions d'un chimiste ordinaire*, 1981
Patrick Lagadec, *La Civilisation du risque*, 1981
   États d'urgence, 1988
Gérard Lambert, *L'Air de notre temps*, 1995
André Langaney, *Le Sexe et l'Innovation**, 1979

Tony Lévy, *Figures de l'infini*, 1987
J.-M. Lévy-Leblond et A. Jaubert
  (Auto)critique de la science*, 1973
Eugene Linden, *Ces singes qui parlent*, 1979
Jean Matricon & Georges Waysand, *La Guerre du froid*, 1994
Georges Ménahem, *La Science et le Militaire*, 1976
P.-A. Mercier, F. Plassard, V. Scardigli, *La Société digitale*, 1984
Abraham A. Moles, *Les Sciences de l'imprécis**, 1990
Catherine Mondiet-Colle, Michel Colle
  Le Mythe de Procuste, 1989
Jacques Ninio, *La Biologie buissonnière*, 1991
Stéréomagie, 1994
Josiane Olff-Nathan (sous la dir.)
  La Science sous le IIIe Reich, 1993
Staven Ortoli & Nicolas Witkowski
  La Baignoire d'Archimède, 1996
Daniel Raichvarg & Jean Jacques, *Savants et Ignorants*, 1991
Hubert Reeves, *Patience dans l'azur**, 1981
  Poussières d'étoiles*, 1984
  L'Heure de s'enivrer*, 1986
  Malicorne, 1990
  Compagnons de voyage, 1992
  Dernières Nouvelles du cosmos, 1994
  La Première Seconde, 1995
Michel Rival, *Les Apprentis sorciers*, 1996
Jacques-Michel Robert, *Comprendre notre cerveau**, 1982
  L'Aventure des neurones, 1994
Colin Ronan, *Histoire mondiale des sciences*, 1988
Philippe Roqueplo, *Le Partage du savoir*, 1974
  Penser la technique, 1983
Steven Rose, *Le Cerveau conscient*, 1975
  La Mémoire, 1994
H. Rose, S. Rose *et al.*, *L'Idéologie de/dans la science*, 1977
Joël de Rosnay, *L'Aventure du vivant**, 1988
Rudy Rucker, *La Quatrième Dimension*, 1985
Carl Sagan, *Les Dragons de l'Eden*, 1980
Carl Sagan & Richard Turco, *L'Hiver nucléaire*, 1991
Henri de Saint-Blanquat, *Mémoires de l'humanité*, 1991
Abdus Salam, W. Heisenberg & P. A. M. Dirac
  La Grande Unification, 1991
Jean-Claude Salomon, *Le Tissu déchiré*, 1991
Evry Schatzman, *Les Enfants d'Uranie*, 1986
Michel Schiff, *L'Intelligence gaspillée*, 1982
William Shea, *La Révolution galiléenne*, 1992

Roger N. Shepard, *L'Œil qui pense*, 1992
Dominique Simonnet, *Vivent les bébés!*, 1986
William Skyvington, *Machina Sapiens*, 1976
Solomon H. Snyder, *La Marijuana*, 1973
Isabelle Stengers *et al.*, *D'une science à l'autre*, 1987
Peter S. Stevens, *Les Formes dans la nature*, 1978
Pierre Thuillier, *Le Petit Savant illustré*, 1978
   Les Savoirs ventriloques, 1983
Michel Tibon-Cornillot, *Les Corps transfigurés*, 1992
Erik Trinkaus & Pat Shipman, *Les Hommes de Neandertal*, 1996
Francisco J. Varela, *Connaître*, 1989
Jacques Vauclair, *L'Intelligence de l'animal**, 1992
Jacques Véron, *Arithmétique de l'Homme*, 1993
Renaud Vié le Sage, *La Terre en otage*, 1989
Jorge Wagensberg, *L'Ame de la méduse*, 1997
Steven Weinberg
   Les Trois Premières Minutes de l'univers*, 1978

Collection Points

SÉRIE ESSAIS

DERNIERS TITRES PARUS

330. Soi-Même comme un autre, *par Paul Ricœur*
331. Raisons pratiques, *par Pierre Bourdieu*
332. L'Écriture poétique chinoise, *par François Cheng*
333. Machiavel et la Fragilité du politique
     par Paul Valadier
334. Code de déontologie médicale, *par Louis René*
335. Lumière, Commencement, Liberté
     par Robert Misrahi
336. Les Miettes philosophiques, *par Søren Kierkegaard*
337. Des yeux pour entendre, *par Oliver Sacks*
338. De la liberté du chrétien *et* Préfaces à la Bible
     par Martin Luther (bilingue)
339. L'Être et l'Essence
     par Thomas d'Aquin et Dietrich de Freiberg (bilingue)
340. Les Deux États, *par Bertrand Badie*
341. Le Pouvoir et la Règle, *par Erhard Friedberg*
342. Introduction élémentaire au droit, *par Jean-Pierre Hue*
343. Science politique
     1. La Démocratie, *par Philippe Braud*
344. Science politique
     2. L'État, *par Philippe Braud*
345. Le Destin des immigrés, *par Emmanuel Todd*
346. La Psychologie sociale, *par Gustave-Nicolas Fischer*
347. La Métaphore vive, *par Paul Ricœur*
348. Les Trois Monothéismes, *par Daniel Sibony*
349. Éloge du quotidien. Essai sur la peinture
     hollandaise du XVIIIe siècle, *par Tzvetan Todorov*
350. Le Temps du désir. Essai sur le corps et la parole
     par Denis Vasse
351. La Recherche de la langue parfaite dans la culture européenne
     par Umberto Eco
352. Esquisses pyrrhoniennes, *par Pierre Pellegrin*
353. De l'ontologie, *par Jeremy Bentham*
354. Théorie de la justice, *par John Rawls*
355. De la naissance des dieux à la naissance du Christ
     par Eugen Drewermann
356. L'Impérialisme, *par Hannah Arendt*
357. Entre-Deux, *par Daniel Sibony*
358. Paul Ricœur, *par Olivier Mongin*
359. La Nouvelle Question sociale, *par Pierre Rosanvallon*

360. Sur l'antisémitisme, *par Hannah Arendt*
361. La Crise de l'intelligence, *par Michel Crozier*
362. L'Urbanisme face aux villes anciennes
    par Gustavo Giovannoni
363. Le Pardon, *collectif dirigé par Olivier Abel*
364. La Tolérance, *collectif dirigé par Claude Sahel*
365. Introduction à la sociologie politique
    par Jean Baudouin
366. Séminaire, livre I : les écrits techniques de Freud
    par Jacques Lacan
367. Identité et Différence, *par John Locke*
368. Sur la nature ou sur l'étant,
    la langue de l'être ?, *par Parménide*
369. Les Carrefours du labyrinthe, I, *par Cornelius Castoriadis*
370. Les Règles de l'art, *par Pierre Bourdieu*
371. La Pragmatique aujourd'hui,
    une nouvelle science de la communication
    par Anne Reboul et Jacques Moeschler
372. La Poétique de Dostoïevski, *par Mikhaïl Bakhtine*
373. L'Amérique latine, *par Alain Rouquié*
374. La Fidélité, *collectif dirigé par Cécile Wajsbrot*
375. Le Courage, *collectif dirigé par Pierre Michel Klein*
376. Le Nouvel Age des inégalités
    par Jean-Paul Fitoussi et Pierre Rosanvallon
377. Du texte à l'action, essais d'herméneutique II
    par Paul Ricœur
378. Madame du Deffand et son monde
    par Benedetta Craveri
379. Rompre les charmes, *par Serge Leclaire*
380. Éthique, *par Spinoza*
381. Introduction à une politique de l'homme,
    par Edgar Morin
382. Lectures 1. Autour du politique
    par Paul Ricœur
383. L'Institution imaginaire de la société
    par Cornelius Castoriadis
384. Essai d'autocritique et autres préfaces, *par Nietzsche*
385. Le Capitalisme utopique, *par Pierre Rosanvallon*
386. Mimologiques, *par Gérard Genette*
387. La Jouissance de l'hystérique, *par Lucien Israël*
388. L'Histoire d'Homère à Augustin
    *préfaces et textes d'historiens antiques
    réunis et commentés par François Hartog*
389. Études sur le romantisme, *par Jean-Pierre Richard*
390. Le Respect, *collectif dirigé par Catherine Audard*
391. La Justice, *collectif dirigé par William Baranès
    et Marie-Anne Frison Roche*